Fusarium in Zuckerrüben –

Artspektrum, Pathogenität und Mykotoxinbildung

sowie Kreuzpathogenität in Weizen

Dissertation

zur Erlangung des Doktorgrades

der Fakultät für Agrarwissenschaften

der Georg-August-Universität Göttingen

vorgelegt von

Daniela Sabine Christ

geboren in Velbert

Göttingen, November 2010

Bibliografische Information der Deutschen Nationalbibliothek

Die Deutsche Nationalbibliothek verzeichnet diese Publikation in der Deutschen Nationalbibliografie; detaillierte bibliografische Daten sind im Internet über http://dnb.d-nb.de abrufbar.

1. Aufl. - Göttingen : Cuvillier, 2011

Zugl.: Göttingen, Univ., Diss., 2010

978-3-86955-676-5

D 7

1. Referent: Prof. Dr. Mark Varrelmann

2. Korreferent: Prof. Dr. Heiko Becker

Tag der mündlichen Prüfung: 09.11.2010

Nonnenstieg 8, 37075 Göttingen

Telefon: 0551-54724-0

Telefax: 0551-54724-21

www.cuvillier.de

1. Auflage, 2011

Gedruckt auf säurefreiem Papier

978-3-86955-676-5

The scientist does not study nature because it is useful; he studies it because he delights in it, and he delights in it because it is beautiful. If nature were not beautiful, it would not be worth knowing, and if nature were not worth knowing, life would not be worth living.

Jules Henri Poincaré

Inhaltsverzeichnis

Abkürzungsverzeichnis

15-ADON	15-Acetyldeoxynivalenol
2-AOD-3-ol	2-Amino-14,16-Dimethyloctadecan-3-ol
3-ADON	3-Acetyldeoxynivalenol
AVENA	Avenacein Y (syn. Antibiotic Y)
BEAU	Beauvericin
cv.	Sorte
DAS	Diacetoxyscirpenol
DI	Disease Index
DNA	Desoxyribonukleinsäure
DON	Deoxynivalenol
dpi	Tage nach Inokulation
ELISA	Enzyme linked immunosorbent assay
ENNI	Enniatin
EQUI	Equisetin
f. sp.	forma specialis
FB_1, FB_2, FB_3	Fumonisin B_1, B_2, B_3
FHB	Fusarium Head Blight
Fob	*Fusarium oxysporum* f. sp. *betae*
FUM	Fumonisin
FUS X	Fusarenon X (syn. 4-Acetylnivalenol)
HPLC-MS/MS	Hochdruckflüssigkeitschromatographie mit Tandem-Massenspektrometrie
MAS	Monoacetoxyscirpenol
MON	Moniliformin

NEO	Neosolaniol
NIV	Nivalenol
PCR	Polymerase-Kettenreaktion
PDA	Potato dextrose agar
QTL	Quantitative trait loci
RAPD	Random amplified polymorphic DNA
RFLP	Restriction fragment length polymorphism
SNA	Spezieller nährstoffarmer Agar
TKG	Tausendkorngewicht
VCG	Vegetative compatibility group
ZEA	Zearalenon
ZOL	Zearalenol

Tabellenverzeichnis

Tabellen in der Einleitung

Tabellen in Manuskripten

Manuskript 1:

Manuskript 2:

Abbildungsverzeichnis

Abbildungen in Einleitung und Diskussion

Abbildungen in Manuskripten

Manuskript 1

Manuskript 2:

1. Einleitung

1.1 *Fusarium*-Biologie

1.1.1 Systematik und Artbestimmung

Fusarium gehört genauso wie z.B. auch *Aspergillus* und *Penicillium* zu den Schimmelpilzen. Diese filamentösen Pilze bilden, systematisch gesehen, eine sehr heterogene Gruppe und werden in unterschiedliche Abteilungen eingeordnet. Für viele Fusarien ist bisher noch keine Hauptfruchtform (Teleomorph) bekannt, von daher werden sie zu den Deuteromyceten (= Fungi imperfecti) gezählt. Die teleomorphen Formen gehören dagegen zu den Ascomyceten (Hoffmann et al., 1994). Die Gattung *Fusarium* wurde von Heinrich Friedrich Link im Jahr 1809 eingeführt – wie viele Arten genau dazu gehören, ist jedoch umstritten. Laut Leslie und Summerell (2006) sind es zwischen neun und über 1.000. Diese stark schwankende Anzahl liegt darin begründet, dass es unterschiedliche Spezieskonzepte und darin wiederum unterschiedliche taxonomische Strömungen gibt. Eine Art kann u.a. dadurch definiert werden, dass sie sich durch typische morphologische Merkmale von einer anderen unterscheidet (morphologische Spezies), sich mit anderen Mitgliedern derselben Art kreuzen lässt (biologische Spezies) oder auf einen gemeinsamen Vorfahren zurückgeht (phylogenetische Spezies). Es gibt bisher keinen Konsens darüber, welches Konzept bei *Fusarium* angewendet werden sollte. Daher ist die Kenntnis der einzelnen Theorien wichtig für die Interpretation von Forschungsergebnissen zum Vorkommen von unterschiedlichen *Fusarium* spp. in Kulturpflanzen.

Das morphologische Spezieskonzept bildet das Rückgrat der *Fusarium*-Taxonomie. Die morphologische Artdifferenzierung beruht in der Theorie auf wenigen, dafür aber leicht voneinander zu unterscheidenden Merkmalen. Dazu zählen u.a. Größe, Form, Art der Apikal- und Fußzelle sowie die Septenanzahl der Makrokonidien. Weitere Sporenformen (sofern vorhanden) wie Mikrokonidien, Mesokonidien, Chlamydosporen und Ascosporen genauso wie die Pigmentierung des Myzels können als zusätzliche Anhaltspunkte dienen. All diese Merkmale weisen eine natürliche Variation auf. Je nachdem, wie viel Gewicht auf die Konstanz einzelner Merkmale gelegt wird, kann eine unterschiedliche Anzahl an Arten definiert werden. Nelson et al. (1994) teilen daher die *Fusarium*-Taxonomen in „Lumpers” (to lump: engl. Klumpen bilden), „Splitters” (to splitt: engl. spalten) und „Moderates” (moderate: engl. gemäßigt) ein (Tabelle 1, S. 3). Wollenweber und Reinking waren die Ersten, die ein einheitliches Spezieskonzept für die Gattung *Fusarium* aufstellten. Alle weiteren Konzepte beruhen auf ihrem 1935 erschienenen Standardwerk „Die Fusarien”. In diesem werden die über 1.000 unterschiedlichen Artbezeichnungen 16 Sektionen zugeordnet, welche insgesamt 65 Arten, 55 Varietäten und 22 Formen enthalten. Snyder und Hansen (1940, 1941, 1945), die „ultimate lumpers” (Nelson et al. 1994), kombinierten diese zu nur neun Arten. Eine Einteilung, die bis in 1980er Jahre weit verbreitet war, ermöglichte sie doch eine sehr einfache Bestimmung. Die moderne *Fusarium* Taxonomie lehnt das Spezieskonzept nach Snyder und Hansen jedoch als zu verallgemeinernd ab. Allein die von Snyder und Hansen beschriebene Art *F. roseum* besteht nach Gerlach und Nirenberg (1982) bzw. Nelson et al. (1993) aus mindestens 14 morphologisch zu unterscheidenden *Fusarium* spp., darunter auch *F. graminearum*. Auch *F. oxysporum* und *F. solani*, die ebenfalls von Snyder und Hansen definiert wurden, bestehen aus heutiger Sicht aus mehreren unterschiedlichen Arten. Eine Aufspaltung anhand der Sporenmorphologie, wie bei *F. roseum*, ist jedoch nicht möglich. *F. oxysporum* wurde daher schon sehr früh auf Grund des sehr weiten Wirtsspektrums in formae speciales (f. sp.) eingeteilt (Snyder und Hansen, 1940). Snyder (1981) definiert diese folgendermaßen: „The species epithet tells what a fungus is; the forma specialis, what it does”. Das heißt, eine forma specialis ist theoretisch nur an einer bestimmten Pflanzenart oder einer Pflanzengruppe pathogen. Außerdem wurde Rassenbildung beobachtet (Gordon und Martyn, 1997).

Das biologische Spezieskonzept definiert dagegen eine Art als eine Gruppe von Organismen, die, zumindest theoretisch, miteinander kreuzbar sind und einen gemeinsamen Genpool teilen oder teilen könnten (Leslie und Summerell, 2006). Dieses Konzept kann nur mit einigen Schwierigkeiten auf die Gattung *Fusarium* angewendet werden. Zum einen gibt es viele „Arten", die keine sexuelle Reproduktion zeigen und nur in anamorpher Form vorkommen (siehe Kapitel 1.1.2 Überdauerung, Vermehrung und Verbreitung), zum anderen gibt es nur eine sehr begrenzte Anzahl an fertilen Stämmen, die als weiblicher Elter verwendet werden können (Leslie und Summerell, 2006).

Tabelle 1: Spezieskonzepte in der Gattung *Fusarium*. Je nachdem, welche Philosophie hinter dem Konzept steht, werden die *Fusarium*-Taxonomen als „Lumpers", „Splitters" oder „Moderates" bezeichnet. Die absolute Anzahl der postulierten Spezies ist dabei nicht entscheidend (nach Nelson et al., 1994).

„Lumpers"	„Moderates"	„Splitters"
Snyder und Hansen 1940er – USA 9 Arten	Gordon 1952 – Kanada 26 Arten	Wollenweber und Reinking 1935 – Deutschland 65 Arten
Messiaen und Cassini 1968 – Frankreich 9 Arten	Booth 1971 – England 44 Arten	Raillo 1950 – Russland 55 Arten
Matuo 1972 – Japan 10 Arten	Nelson, Toussoun und Marasas 1983 – USA 30 Arten	Bilai 1955 – Russland 26 Arten
		Joffe 1974 –Israel 33 Arten
		Gerlach 1982 – Deutschland 78 Arten

Derzeit wird die *Fusarium* Taxonomie mit Hilfe molekularer, phylogenetischer Methoden neu geordnet. Das phylogenetische Spezieskonzept beruht auf der Annahme, dass alle Angehörigen einer Art einen gemeinsamen Vorfahren haben, also monophyletisch sind (Leslie und Summerell, 2006). Molekulargenetische Untersuchungen von *F. oxysporum* haben jedoch gezeigt, dass es selbst innerhalb einer forma specialis polyphyletische Ursprünge gibt (O'Donnell et al., 1998). Daher werden *F. oxysporum* und auch *F. solani* mittlerweile als Spezieskomplexe bezeichnet (Kistler, 1997; Zhang et al., 2006). Dies gilt auch für *F. graminearum*. Bei Snyder und Hansen war *F. graminearum* noch nicht mal eine eigenständige Art – nach phylogenetischer Untersuchung der DNA-Sequenzen von 13 Einzelkopie-Genen enthält der *F. graminearum*-Spezieskomplex dagegen mindestens 11 Arten: *F. acaciae-mearnsii*, *F. asiaticum*, *F. austroamericanum*, *F. boothii*, *F. brasilicum*, *F. cortaderiae*, *F. gerlachii*, *F. graminearum*, *F. meridionale*, *F. mesoamericanum* und *F. vorosii* (Starkey et al., 2007). Diese Einteilung hat sich jedoch in der praktischen Phytomedizin (noch) nicht durchgesetzt. Zum einen lassen sich die einzelnen Arten der Spezieskomplexe nur durch aufwendige molekulargenetische Untersuchungen voneinander unterscheiden, zum anderen, wie im Falle von *F. oxysporum* und *F. solani*, gibt es noch keine offizielle Nomenklatur für evtl. neue Arten. Von daher wird auch in der vorliegenden Arbeit keine weitere Unterteilung von *F. graminearum*, *F. oxysporum* und *F. solani* vorgenommen.

Auch bei der Artbestimmung von im Feld isolierten *Fusarium* spp. gibt es unterschiedliche Ansätze. Die morphologische Artdifferenzierung beruht auf der mikroskopischen Unterscheidung von typischen Sporenmerkmalen und dem Vergleich mit entsprechender Bestimmungsliteratur (u.a. Gerlach und Nirenberg, 1982; Nelson et al., 1983; Leslie und Summerell, 2006). Für eine Grobeinteilung eignet sich außerdem die Pigmentierung des Myzels (Summerell et al., 2003). Problematisch dabei ist, dass Fusarien in Kultur zur Degeneration und Mutation neigen und eine hohe Variabilität aufweisen (Leslie und Summerell, 2006). Zudem sind die Unterschiede manchmal so graduell, dass eine Artdifferenzierung nur mit sehr viel Erfahrung sicher durchzuführen ist. Biologische Verfahren beinhalten die Durchführung von Testkreuzungen bei Arten mit bekannter sexueller Reproduktion und die Einteilung in sogenannte „Vegetative Compatibility Groups" (VCG) (Leslie und Summerell, 2006). Moderne, molekulargenetische Verfahren beschleunigen die Artidentifizierung und ermöglichen es, auch schwer zu differenzierende oder schlecht sporulierende Isolate zu bestimmen. Diese Methoden beruhen auf dem Nachweis von Variabilität im pilzlichen Erbgut. Für die Artdifferenzierung werden Abschnitte der DNA mittels PCR vervielfältigt und sequenziert. Dafür eignet sich z.B. der „Translation Elongation Factor 1 alpha" (*tef1*). Das hierfür kodierende Gen ist intraspezifisch gut konserviert, zeigt aber im Bereich der Introns interspezifisch genügend Polymorphismen um Spezies voneinander zu unterscheiden (Kristensen et al., 2005; Nitschke et al., 2009). Auch andere genetische Marker wie z.B. RFLPs oder RAPDs können für eine Unterscheidung verwendet werden, letztere sind zumeist aber nur schlecht reproduzierbar (Jones et al., 1997; Leslie und Summerell, 2006).

1.1.2 Überdauerung, Vermehrung und Verbreitung

Fusarien kommen ubiquitär in Böden aller Kontinente außer der Antarktis vor (Windels 1992). Zudem werden sie aus Luft, unter- und oberirdischen Pflanzenteilen sowie anderem organischen Material isoliert. Die Verbreitung reicht von der Arktis über die temperierten Breiten bis zu den Tropen (Burgess, 1981). *Fusarium* spp. sind bemerkenswert anpassungsfähig und können sogar in lebensfeindlichen Umgebungen wie Wüsten (Joffe und Palti, 1977) und Salzböden (Mandeel, 2006) überdauern.

Neben den typischen bananen- oder spindelförmigen Makrokonidien bilden Fusarien, je nach Art und Umweltbedingungen, zusätzlich auch Mikro- und Mesokonidien sowie Chlamydosporen aus. Die Chlamydosporen sind die wichtigsten Überdauerungsorgane in der Gattung *Fusarium*. Durch ihre verdickte Zellwand können sie auch ungünstige Bedingungen langfristig tolerieren. Es wurde gezeigt, dass Chlamydosporen von *F. culmorum* mehr als 8 ½ Jahre im Boden überdauern, während Chlamydosporen von *F. graminearum* nur bis maximal 5 ½ Jahre nachverfolgt werden konnten. Letztere reagieren empfindlicher auf hohe

Temperaturen und Trockenheit (Sitton und Cook, 1981). Chlamydosporen von *F. oxysporum* waren dagegen sogar nach 17 Jahren Kultur in Erdröhrchen noch keimfähig und zeigten bei Inokulation keinen Rückgang der Pathogenität (McKeen und Wensley, 1961). Darüber hinaus können Fusarien auch als Myzel an Ernterückständen überdauern. Die daraus entstehenden Makro- und (falls vorhanden) Mikrokonidien sind aber anfälliger gegenüber Konkurrenz von anderen Mikroorganismen, Nährstoffdefiziten und wechselnden Umweltbedingungen (Khonga und Sutton, 1988).

Die Vermehrung verläuft in erster Linie asexuell über die unterschiedlichen Konidienformen. *Fusarium* spp., die sexuelle Reproduktion betreiben, gehören in ihrem teleomorphen Stadium den Gattungen *Albonectria*, *Haematonectria* oder *Gibberella* an (Tabelle 2, S. 7). In der Natur werden teleomorphe Stadien und die damit verbundene Perithecien-Bildung jedoch nur selten beobachtet. Die meisten der in Tabelle 2 erwähnten Arten zeigen dieses Verhalten nur im Labor unter bestimmten Bedingungen (Leslie und Summerell, 2006). Eine große Ausnahme ist *F. graminearum*/*G. zeae*. Von dieser Art ist bekannt, dass sie auch auf Ernterückständen Perithecien bildet. Zudem kommen innerhalb eines Feldes und selbst auf einzelnen Ähren unterschiedliche VCGs vor, was auf sexuelle Reproduktion hindeutet (Miedaner, 1997). Für viele Fusarien, darunter auch so bekannte Arten wie *F. culmorum* und *F. oxysporum*, ist bis heute noch keine teleomorphe Form bekannt. Somatische Rekombination über Heterokariosis, Parasexualität, Mutationen, Gendrift, Genfluss und Selektion können bei diesen Arten für einen gewissen genetischen Austausch zwischen Stämmen und Populationen sorgen (Miedaner, 1997). Laut Artikel 59.1 des International Code of Botanical Nomenclature (ICBN, McNeill, 2006) sollen Pilze, wenn eine teleomorphe Form bekannt ist, grundsätzlich mit dem Namen der teleomorphen Form benannt werden. Ausnahmen sind jedoch ausdrücklich erlaubt, z.B. wenn Arten nur unter künstlichen Kulturbedingungen sexuelle Reproduktion zeigen. Da dies außer *F. graminearum* fast alle erwähnten Arten betrifft,

Tabelle 2: Gegenüberstellung von *Fusarium*-Anamorphen mit den entsprechenden teleomorphen Bezeichnungen (Nelson et al., 1994; Leslie und Summerell, 2006).

Fusarium spp.	Teleomorph
F. decemcellulare	*Albonectria rigidiuscula*
F. solani	*Haematonectria haematococca*
	Gibberella Spezies
F. acuminatum	*G. acuminata*
F. avenaceum	*G. avenacea*
F. circinatum	*G. circinata*
F. equiseti	*G. intricans*
F. fujikuroi	*G. fujikuroi*
F. graminearum	*G. zeae*
F. konzum	*G. konza*
F. lateritium	*G. baccata*
F. lateritium var. *buxi*	*G. buxi*
F. nygamai	*G. nygamai*
F. proliferatum	*G. intermedia*
F. pseudograminearum	*G. coronicola*
F. sacchari	*G. sacchari*
F. sambucinum	*G. pulicaris*
F. subglutinans	*G. subglutinans*
F. thapsinum	*G. thapsina*
F. torulosum	*G. pulicaris* var. *minor*
F. tricinctum	*G. tricincta*
F. tumidum	*G. tumida*
F. udum	*G. indica*
F. verticillioides	*G. moniliformis*
F. xylarioides	*G. xylarioides*

werden der Übersichtlichkeit halber im vorliegenden Text grundsätzlich die anamorphen Bezeichnungen verwendet, außer wenn auf sexuelle Stadien Bezug genommen wird.

Die Verbreitungsmechanismen von Fusarien unterscheiden sich in Abhängigkeit von ihrer Lebensweise und Vermehrungsart. Burgess (1981) unterscheidet dabei bodenbürtige, luftbürtige sowie häufig in Böden vorkommende Fusarien mit effizienten Verbreitungsmechanismen, die ihnen auch eine Verbreitung über größere Distanzen erlauben. Die Mehrheit der *Fusarium* spp. befinden sich im Boden oder kolonisieren Pflanzenteile sowie pflanzliche (Ernte-) Reste an der Bodenoberfläche oder in Bodennähe. Laut Burgess schließt diese Definition eine Höhe von bis zu einem Meter über der Bodenoberfläche mit ein. Daher schlägt er vor, solche Arten nicht als „soil-borne" sondern vielmehr als „soil-based" zu bezeichnen (Burgess, 1981). Die Verbreitung dieser Arten verläuft u.a. über Hyphenwachstum im Boden und auf organischer Substanz sowie Regenverbreitung von Konidien. Gregory et al. (1959) haben im Labor die Regenverbreitung nachgestellt: Ein Tropfen (Ø 5 mm), der in eine Sporensuspension (1,6 x 10^7 Sporen/ml, 0,1 mm tief) fiel, produzierte mehr als 5.200 Tropfen, von denen wiederum mehr als 2.000 Sporen enthielten, die eine Höhe von 75 cm erreichen konnten. Die Mehrzahl der sporentragenden Tropfen gelangte aber nur in eine Höhe von 10 bis 20 cm. Das heißt, der Transport von bodenstämmigen Fusarien durch Regen läuft vor allem über die Blattetagen. Trifft Regen auf Sporenmassen, z.B. auf Ernterückständen, ist neben der direkten Regenverbreitung über die Blattetagen zusätzlich auch mit passiver Windverbreitung zu rechnen. Es gibt zudem Veröffentlichungen, die über die Windverbreitung von boden-stämmigen Fusarien in Staub, der z.B. bei Erntemaßnahmen entsteht, zum Teil über hunderte Kilometer berichten (Burgess, 1981). Das heißt, boden-stämmig ist nicht ortstreu, auch diese Fusarien können über Wind verbreitet werden. Die Effektivität der Verbreitungsformen boden-stämmiger Fusarien wird dadurch unterstrichen, dass *F. culmorum* bis vor ca. 20 Jahren die häufigste im Zusammenhang mit FHB vorkommende Art in Nordeuropa war (Waalwijk et al., 2003).

Luftbürtige Fusarien besiedeln vor allem oberirdische Pflanzenteile. Diese Arten haben meist eine teleomorphe Form. Die in den Perithecien gebildeten Ascosporen werden mit hohem Druck entlassen und können so über größere Distanzen aktiv und passiv verbreitet werden als die asexuellen Konidien. Im Feld wurde dies aber in erster Linie für *G. zeae*/*F. graminearum* beobachtet. Alle anderen in Tabelle 2 erwähnten Arten bilden, wie schon beschrieben, zumeist nur unter Laborbedingungen Perithecien aus (Leslie und Summerell, 2006).

1.1.3 Pathogene, Saprobionten, Endophyten – Überlebensstrategien von *Fusarium* spp.

Die Lebensformen von *Fusarium* spp. variieren sehr stark: neben phytopathogenen Isolaten gibt es auch Human- und Tierpathogene sowie Endophyten und Saprobionten. In der Landwirtschaft haben phytopathogene *Fusarium* spp. eine große wirtschaftliche Bedeutung, da sie in allen wichtigen Kulturpflanzen zu Ertrags- und Qualitätseinbußen führen können (siehe Kapitel 1.3 *Fusarium* als Pathogen in landwirtschaftlichen Kulturpflanzen). Pathogene Isolate können aber auch gezielt eingesetzt werden: so dient ein entomopathogener *F. solani* Stamm im Rahmen des biologischen Pflanzenschutzes der Kontrolle der „Sugar Beet Root Maggot" (*Tetanops myopaeformis*) (Majumdar et al., 2008). Bei Mensch und Tier können Fusarien einerseits direkt durch lokale oder systemische Infektionen (Fusariosen), andererseits aber ebenso durch die gebildeten Mykotoxine (Mykotoxikosen) zu Gesundheitsschäden führen. Fusariosen werden vor allem durch *F. solani*, *F. oxysporum* und *F. verticillioides* ausgelöst. Systemische Infektionen kommen fast ausschließlich bei Patienten mit geschwächtem Immunsystem vor (Nelson et al., 1994; Rebell, 1981), lokale Infektionen wie z. B. Fusarium Keratitis können dagegen auch Patienten mit intaktem Immunsystem betreffen. Bei falscher Behandlung kann es hier bis zur Erblindung kommen. In 2005/2006 wurde in den USA eine Häufung dieser Erkrankung im Zusammenhang mit Kontaktlinsen und einer bestimmten Benetzungslösung festgestellt. Bei 34% der Patienten war eine

Hornhauttransplantation notwendig. Haupterreger waren Mitglieder des *F. solani* Spezieskomplexes (Chang et al., 2006), welche auch ubiquitär im Boden und in Pflanzen vorkommen. Das heißt, es muss dementsprechend vorsichtig bei der Arbeit im Labor und im Gewächshaus mit Fusarien umgegangen werden.

Die meisten der in Böden vorkommenden Fusarien sind saprotroph und übernehmen eine wichtige Funktion im Ökosystem indem sie organisches Material abbauen (Domsch et al., 1980). Durch Verletzung oder vorangegangene Primärinfektion können Saprobionten aber auch in Kulturpflanzen eindringen und zu Fäulen führen. Darüber hinaus ist auch die symptomlose Kolonisierung von Pflanzen beschrieben. Mikroorganismen, die aus gesunden Pflanzen isoliert werden, werden als Endophyten bezeichnet (Petrini, 1991). Dabei bezieht sich die Einordnung jedoch nur auf den Zeitpunkt der Isolation. Ein Endophyt kann aber auch ein latentes Pathogen sein, d.h. wenn die Pflanze durch äußere Einflüsse (z.B. Nährstoffmangel, Seneszenz) geschwächt wird, kann sich auch ein Endophyt zum Pathogen entwickeln und Krankheitssymptome verursachen (Schulz und Boyle, 2005). Ein Beispiel dafür ist *F. verticillioides*, zum einen ein bekanntes Pathogen im Maisanbau, das für hohe Ertragsausfälle verantwortlich ist, zum anderen wurde aber auch eine symptomlose Kolonisierung von endophytischen Stämmen in Maispflanzen beobachtet (Kuldau und Yates, 2000). Endophytische Besiedlung von Pflanzen ist bisher noch kaum untersucht, muss aber im Hinblick auf die Ursachenfindung von Pflanzenkrankheiten ebenfalls bedacht werden. Nicht jedes *Fusarium* Isolat aus einer erkrankten Pflanze muss auch die Ursache der Symptome sein. Vielmehr kann es sich dabei auch um einen Endophyten oder einen Saprobionten handeln. Auf eine mögliche Kontamination mit Mykotoxinen hat die didaktische Einteilung in Pathogen, Saprobiont oder Endophyt allerdings keinen Einfluss: auch Endophyten können zur Kontamination des Ernteguts beitragen (Bacon et al., 2008).

1.2 Mykotoxine

Mykotoxine sind sekundäre Stoffwechselprodukte, die von unterschiedlichen Schimmelpilzen gebildet werden und nach oraler, inhalativer oder dermaler Exposition zu Gesundheitsschäden bei Mensch und Tier führen. Bis heute sind 300 bis 400 unterschiedliche Substanzen als Mykotoxine klassifiziert worden (Bennett, 1987; Bennett und Klich, 2003). Eine Verbindung zwischen Vergiftungen bei Mensch und Tier und Mykotoxinen ist meist nur schwer nachzuweisen. Zum einen treten die Symptome nicht immer direkt nach Exposition auf und zum anderen fehlen oftmals einfache Nachweismethoden. Die negative Wirkung von Mykotoxinen auf den Organismus ist zwar schon seit dem Mittelalter bekannt (Ergotismus durch Mutterkornalkaloide), die gezielte Mykotoxin-Forschung setzte jedoch erst in der zweiten Hälfte des letzten Jahrhunderts ein. Dabei standen zunächst *Aspergillus* Toxine im Vordergrund. 1960 starben in Großbritannien mehr als 100.000 Truthahn- und Entenküken an der sogenannten „Turkey X Disease" (Bennett und Klich, 2003). Die Ursache war die Verfütterung von mit *Aspergillus flavus* kontaminiertem Erdnussschrot (Lancaster et al., 1961). *Aspergillus* spp. produzieren unter anderem Aflatoxine, Cyclopiazonsäure (CPA) und Ochratoxin A. Während Aflatoxine hochkanzerogen und stark leberschädigend sind, führt CPA zu Nekrosen in den inneren Organen. Ochratoxin A ist vor allem nephrotoxisch, zudem ist eine leberschädigende und immunsuppressive Wirkung beschrieben. Darüber hinaus wird es als fruchtschädigend und potentiell kanzerogen eingeordnet. Dieses Toxin wird nicht nur von *Aspergillus* spp. sondern auch von *Penicillium verrucosum* gebildet (Bennett und Klich, 2003; Frisvad et al., 2006). Einige Mykotoxine, darunter Aflatoxine aber auch *Fusarium* Mykotoxine, werden aufgrund ihrer z.T. sehr hohen akuten Toxizität als chemische Kampfstoffe klassifiziert (Madsen, 2001).

1.2.1 *Fusarium* Mykotoxine

Fusarium spp. können viele unterschiedliche Toxine produzieren, an dieser Stelle wird daher nur auf die wichtigsten Gruppen eingegangen. Dies sind die in der EU zum Teil mit Grenzwerten versehenen Trichothecene, Fumonisine und Zearalenon sowie die sogenannten „emerging mycotoxins" (Jestoi, 2008), die Cyclohexadepsipeptide (Beauvericin, Enniatine) und Moniliformin. Für eine Übersicht über weitere *Fusarium* Mykotoxine wird an dieser Stelle auf Desjardins (2006), Jestoi (2008) und Marasas et al. (1984) verwiesen.

Trichothecene

Trichothecene sind Sesquiterpenoide, die von mehreren Pilzgattungen produziert werden, darunter neben *Fusarium* auch andere Phytopathogene wie *Cryptomela*, *Cylindrocarpon*, *Dendrodochium*, *Hypocrea*, *Myrothecium*, *Phomopsis*, *Stachybotrys*, *Trichoderma* und *Trichothecium* (Bennett und Klich, 2003; Desjardins, 2006). Insgesamt sind über 170 unterschiedliche Verbindungen bekannt (Grove, 1993). Die Biosynthese von Trichothecenen ist im Gegensatz zu vielen anderen Mykotoxinen gut untersucht, wird an dieser Stelle jedoch nur kurz angesprochen. Eine ausführliche Darstellung findet sich u.a. bei Desjardins et al. (1993), Desjardins (2006) und Kimura et al. (2007). Trichothecene werden je nach chemischer Struktur in Gruppen eingeteilt. Die für die Landwirtschaft bedeutendsten Verbindungen sind dabei die Typ B Trichothecene Deoxynivalenol (DON) und Nivalenol (NIV) sowie deren acetylierte Derivate 3-Acetyldeoxynivalenol (3-ADON), 15-Acetyldeoxynivalenol (15-ADON) und Fusarenon X (FUS X, syn. 4-Acetylnivalenol) sowie die Typ A Trichothecene T-2 Toxin, HT-2 Toxin, Monoacetoxyscirpenol (MAS) und Diacetoxyscirpenol (DAS). B-Trichothecene besitzen eine Carbonyl-Gruppe am C-8, während diese bei A-Trichothecenen fehlt. Die meisten Fusarien produzieren entweder A- oder B-Trichothecene. Es gibt jedoch Ausnahmen. So ist z.B. für *F. equiseti* die

Parallelproduktion von NIV, FUS X und A-Trichothecenen beschrieben (Langseth et al., 1999).

NIV wird als evolutionärer Vorläufer von DON angesehen. Die Biosynthese unterscheidet sich vor allem in einem Gen: bei DON-Produzenten ist die *Tri13*-Hydroxylase durch zwei Deletionen funktionsunfähig (Desjardins, 2006). Bis vor kurzem ging man davon aus, dass Isolate von *F. graminearum* und *F. culmorum* entweder nur DON oder nur NIV sowie deren acetylierte Derivate bilden können. Neuere Untersuchungen zeigen jedoch, dass DON und NIV auch parallel produziert werden können (Sugiura et al., 1990), dabei ist ein Toxin dominant während das andere nur bis zu 1% von dessen Konzentration ausmacht (Burlakoti et al., 2008; Desjardins et al., 2004; Kim et al., 2003). Ungeachtet dieser Co-Produktion werden *F. graminearum* und *F. culmorum* in Chemotypen eingeteilt. 3-ADON- (produzieren DON und 3-ADON), 15-ADON- (produzieren DON und 15-ADON) und NIV-Chemotypen (produzieren NIV und acetylierte Derivate) werden zudem geographischen Regionen zugeordnet. NIV-Chemotypen wurden in Afrika, Asien und Europa gefunden, während DON-Chemotypen weltweit verbreitet sind (Desjardins et al., 2000; Gang et al., 1998; Lee et al., 2002; Jennings et al., 2004).

Trichothecene wirken in hohen Dosen immunsuppressiv und greifen in die Proteinbiosynthese ein (Bennett und Klich, 2003). Mehrere Human- und Animaltoxikosen sind in der Literatur beschrieben und im Nachhinein durch Fütterungsexperimente oder direkte Verabreichung der Reinsubstanz wissenschaftlich bestätigt worden. Am bekanntesten ist die „Alimentary toxic aleukia" (ATA), die in Russland und Zentralasien in den 30er und 40er Jahren des letzten Jahrhunderts auftrat. Krankheitsanzeichen waren bei leichten Vergiftungen Übelkeit, Erbrechen und Durchfall sowie Veränderungen des Blutbildes. In schweren Fällen kam es zu Hautausschlägen und Nekrosen im Gastrointestinaltrakt sowie anderen inneren Organen, oft mit fatalem Ausgang. Als Ursache wurde T-2 Toxin in mit *F. sporotrichioides* und *F. poae* kontaminiertem Getreide bestimmt (Desjardins, 2006). „Akakabi-byo" dagegen wird auf die

Kontamination von Getreide mit *F. graminearum* und *F. kyushuense* sowie unterschiedliche B-Trichothecene (DON, NIV und acetylierte Derivate) zurückgeführt. In der Literatur wird das sporadische Auftreten in Japan, Russland, China und Korea von 1890 bis Ende der 50er Jahre des letzten Jahrhunderts beschrieben. Die Symptome ähneln denen der ATA, zusätzlich sind auch Kopfschmerzen sowie zentralnervöse Störungen beschrieben (Desjardins, 2006). In der Tierernährung reagieren Schweine besonders empfindlich auf DON. Schon eine Konzentration von 1 – 2 mg/kg DON im Futter führt bei Schweinen zur Verringerung der Futteraufnahme, während diese bei höheren Konzentrationen ganz eingestellt wird („Swine feed refusal") und es zu Veränderungen an den inneren Organen und des Blutbildes kommt (Pestka, 2007).

Tabelle 3: Vergleich der akuten Toxizität einiger A- und B-Trichothecene nach intraperitonealer Verabreichung (nach Forsell und Pestka, 1985; Miller et al. 2001).

Mykotoxin	Maus-LD_{50} (mg/kg)
A-Trichothecene	
T-2 Toxin	5,2
DAS	23
B-Trichothecene	
NIV	4,1
FUS X	3,4
DON	70
3-ADON	34
15-ADON	14

Die Toxizität anderer Trichothecene ist weitaus höher als die von DON (Tabelle 3), trotzdem gelten derzeit nur für DON EU-weite Grenzwerte in Getreide, das zur menschlichen

Ernährung bestimmt ist. In unverarbeitetem Getreide außer Hartweizen, Hafer und Mais dürfen maximal 1.250 µg/kg enthalten sein, während unverarbeiteter Hartweizen, Hafer und Mais bis zu 1.750 µg/kg DON enthalten dürfen (Anonymus, 2005). Die Beschränkung weiterer Trichothecene (T-2, HT-2) in Getreideprodukten für die menschliche Ernährung ist im Gespräch (Anonymus, 2005). Für Futtermittel gibt es derzeit noch keine rechtlich bindenden Grenzwerte. Hier hat sich die EU zunächst auf unverbindliche Richtwerte für DON geeinigt, die nicht überschritten werden sollten. Für Futtermittelausgangserzeugnisse aus Getreide (außer Mais) und Mais sind dies 8.000 bzw. 12.000 µg/kg. Ergänzungs- und Alleinfuttermittel für Schweine einerseits, Kälber, Lämmer und Ziegenlämmer sowie alle anderen Tierarten sollten 900, 2.000 und 5.000 µg/kg DON nicht übersteigen (Anonymus, 2006a).

Zearalenon

Zearalenon ist ein makrozyklisches Lacton der Resorcinolsäure. ZEA wird u.a. von *F. graminearum*, *F. culmorum*, *F. cerealis* und *F. equiseti* produziert (Desjardins, 2006). Für die Synthese von ZEA werden sehr hohe Zuckerkonzentrationen benötigt (Karlovsky, 2008). Zearalenon ist zudem so gut wie unlöslich in Wasser (Hidy et al., 1977) und wird auch nach der Verarbeitung in prozessierten Lebens- und Futtermitteln gefunden. Die Gehalte variieren dabei zwischen wenigen Mikrogramm bis hin zu Maximalwerten von 276 mg/kg in Tierfutter (Fink-Gremmels und Malekinejad, 2007).

Zearalenon besitzt eine sehr niedrige akute Toxizität. Selbst nach oraler Verabreichung von 15.000 mg/kg Körpergewicht konnte bei Hühnerküken kein LD_{50} bestimmt werden (Chi et al., 1980). Dieses Mykotoxin bindet kompetitiv an die Östrogenrezeptoren und greift so in das Hormonsystem ein (Zinedine et al., 2007). Auch hier reagieren Schweine besonders empfindlich. Die Folgen des Konsums von ZEA-belasteten Futtermitteln sind u.a. Veränderungen an den Genitalorganen, Fruchtbarkeitsstörungen, geringere Wurfgrößen, verringertes Ferkelgewicht und eine erhöhte Zahl an Aborten (Fink-Gremmels und Malekinejad, 2007; Morgavi und Riley, 2007). Geflügel gilt als wenig empfindlich, trotzdem konnte auch bei Truthühnern durch Fütterung mit ZEA-belasteten Futtermitteln (800 µg über 14 Tage) Hyperöstrogenismus ausgelöst werden (Olsen et al., 1986). Auch bei Wiederkäuern gibt es gegenläufige Studien, zwar können die Mikroben im Rumen zur Detoxifizierung beitragen, es wurden aber auch verringerte Fertilität und Veränderungen an den Genitalorganen beobachten (Fink-Gremmels und Malekinejad, 2007).

Die EU hat, ebenso wie für DON, bisher nur rechtlich nicht-bindende Richtwerte für die Tierernährung herausgegeben (Anonymus, 2006a). Für Futtermittelausgangserzeugnisse aus Getreide und Mais werden Richtwerte von 2.000 bzw. 3.000 µg/kg empfohlen. Richtwerte für Ergänzungs- und Alleinfuttermittel für Ferkel und Jungsauen, Sauen und Mastschweine sowie Kälber, Milchkühe, Schafe und Ziegen betragen 100, 250 bzw. 500 µg/kg. Unverarbeitetes Getreide bzw. unverarbeiteter Mais, die für die menschliche Ernährung bestimmt sind, dürfen nicht mehr als 100 µg/kg enthalten (Anonymus, 2005).

Fumonisine

Fumonisine (FUM) sind Sphingosinanaloga. Sphingosine spielen eine wichtige Rolle bei der Zellkommunikation und Signaltransduktion (Futerman und Hannun, 2004). Die toxische bzw. kanzerogene Wirkung von FUM lässt sich daher erklären. Es scheint eine Trennung zwischen FUM- und Trichothecen-Produzenten zu geben. Eine Co-Produktion wurde noch nicht beobachtet (Desjardins, 2006). Das häufigste in der Natur vorkommende Fumonisin ist Fumonisin B_1 (FB_1), andere FUM der B-Reihe (FB_2, FB_3, FB_4) treten auf, sind aber weniger biologisch aktiv (Desjardins, 2006). Sie werden von unterschiedlichen *Fusarium* spp. gebildet, darunter die häufig in Mais vorkommenden Arten *F. verticillioides* und *F. proliferatum*, aber z.B. auch von *F. redolens*. Auch für *Alternaria alternata* f. sp. *lycopersici* wurde FB_1-, FB_2- und FB_3-Produktion *in vitro* beschrieben (Abbas et al., 1995;

Marasas et al., 2001; Rheeder et al., 2002). Darüber hinaus wurden weitere Fumonisinanaloga bei anderen *Fusarium* spp. gefunden (Rheeder et al., 2002).

FUM greifen auf Grund ihrer Struktur in den Sphingolipid-Stoffwechsel ein und waren im Tierversuch hepatotoxisch und kanzerogen. Beim Menschen wird ein Zusammenhang mit Tumoren der Speiseröhre vermutet (Bennett und Klich, 2003). Bei Schweinen kommt es nach Aufnahme von mit *F. verticillioides* oder *F. proliferatum* kontaminiertem Futter zu Lungenödemen („Swine Pulmonary Edema"). Die Symptome werden auch nach oraler Aufnahme der Reinsubstanz FB_1 ausgelöst (Desjardins, 2006). Noch empfindlicher reagieren Pferde auf FUM. Bei diesen kommt es zu einer letal verlaufenden Gehirnerkrankung, zur sogenannten Equinen Leukoencephalomalazie. Die Erkrankung trat u.a. in den USA, in Mittel- und Südamerika, China, Ägypten und Spanien auf. Erkrankte Tiere sind lethargisch oder nervös, zeigen unkoordinierte Bewegungen, Zittern, Krämpfe und Lähmungen. Es werden Veränderungen der weißen Gehirnsubstanz beobachtet. Allein in Zentral-Illinois starben 1934/35 über 5.000 Pferde an der Erkrankung, die oft schon 2-3 Tage nach Erstauftreten der Symptome fatal verläuft. Als Ursache wurde mit *F. verticillioides* kontaminierter Mais vermutet. Später wurde der Zusammenhang zwischen kontaminiertem Futter und Leukoencephalomalazie sowohl durch Verfütterung von künstlich infiziertem Mais als auch durch Verabreichung von FB_1 als Reinsubstanz bestätigt (Desjardins, 2006).

Für Fumonisine gibt es bisher nur Grenz- bzw. Richtwerte für Mais. Unverarbeiteter Mais, der für die menschliche Ernährung bestimmt ist, darf derzeit 4.000 µg/kg nicht überschreiten (Anonymus, 2007). Für Futtermittelausgangserzeugnisse gelten 60.000 µg/kg, für Ergänzungs- und Alleinfuttermittel für Schweine, Pferde, Kaninchen und Heimtiere 5.000 µg/kg, für Fische 10.000 µg/kg, Geflügel, Kälber (< 4 Monate), Lämmer und Ziegenlämmer 20.000 µg/kg sowie für Wiederkäuer (> 4 Monate) und Nerze 50.000 µg/kg als Richtwert (Anonymus, 2006a). Diese Werte beziehen sich auf FB_1 und FB_2 sowohl einzeln als auch in der Summe.

Cyclohexadepsipeptide

Enniatine (ENNI) und Beauvericin (BEAU) gehören zu den Cyclohexadepsipeptiden. Hohe Konzentrationen dieser komplexen Verbindungen wurden vor allem in skandinavischem Getreide gefunden (Jestoi, 2008). Dies wird mit dem Auftreten von *F. avenaceum* in Verbindung gebracht (Uhlig et al., 2007). Aber auch in anderen Ländern werden ENNI und BEAU mittlerweile häufig detektiert (Jestoi, 2008).

BEAU- und ENNI-Produktion wurde u.a. auch bei *F. sambucinum* Isolaten nachgewiesen, die in vorangegangenen Untersuchungen hohe Gehalte an DAS, Neosolaniol und T-2 Toxin gezeigt haben (Logrieco et al., 1998). Im Gegensatz zu FUM werden BEAU und ENNI also durchaus auch von Trichothecen-Produzenten gebildet.

Die *in vivo* Toxizität von ENNI und BEAU ist bisher wenig untersucht, die meisten Daten wurden mit *in vitro* Versuchen gewonnen. Die akute Toxizität scheint relativ niedrig zu sein. ENNI und BEAU sind jedoch lipophil, Bioakkumulation und chronische Toxizität sind daher theoretisch möglich (Jestoi, 2008). Aufgrund ihrer ionophoren Eigenschaften stören Cyclohexadepsipeptide das Kationen-Anionen-Verhältnis. Durch Anstieg der intrazellulären Ca^{2+}-Konzentration kommt es zur Apoptose. Zudem wurde eine Inhibierung der Acyl-CoA:Cholesterol Acyltransferase (ACAT) durch BEAU beobachtet (Jestoi, 2008). Dieses Enzym katalysiert die Veresterung von Cholesterin und Fettsäuren zu Cholesterinestern (Chang et al., 2009). BEAU und ENNI wirken antimikrobiell, insektizid und anthelminthisch (Jestoi, 2008). BEAU sorgt zudem durch Chemosensitivierung dafür, dass Antibiotika (Tetracycline) besser wirken und daher geringere Dosen verabreicht werden müssen. Bei ENNI ist eine antikanzerogene Wirkung in der Diskussion (Dornetshuber et al., 2007).

Moniliformin

Moniliformin (MON) wurde bisher nur bei *Fusarium* spp. gefunden, darunter sowohl Trichothecen- als auch Nicht-Trichothecen-Produzenten (Desjardins, 2006). Im Vergleich zu anderen Mykotoxinen ist es sehr einfach aufgebaut und leicht wasserlöslich. MON wird weltweit in Nahrungs- und Futtermitteln gefunden. In Europa wird MON häufig mit *F. subglutinans* und *F. proliferatum* in Mais oder mit *F. avenaceum* in Weizen in Verbindung gebracht (Jestoi, 2008; Uhlig et al., 2007).

Genau wie BEAU und ENNI ist auch MON hinsichtlich seiner Wirkung noch wenig untersucht. MON hemmt Thiaminpyrophosphat-abhängige Enzyme, drunter u.a. die Pyruvatdehydrogenase, die α-Ketoglutaratdehydrogenase und die Pyruvatdecarboxylase, und greift damit an entscheidenden Stellen in den Stoffwechsel ein (Jestoi, 2008). Die *in vitro* Toxizität ist weitaus geringer als die beobachtete Toxizität *in vivo* (Jestoi et al., 2009). Eine mögliche Beteiligung am Auftreten der „Keshan Disease", einer in China verbreiteten Herzerkrankung, wird vermutet, konnte aber bisher noch nicht bestätigt werden (Desjardins, 2006). Während Schweine auf DON und ZEA besonders empfindlich reagieren, ist bei MON die Toxizität für Geflügel weitaus höher als für andere Tierarten (Allen et al., 1981; Burmeister et al., 1979; Kriek et al., 1977). Beobachtet wurden u.a. eine immunsuppressive Wirkung bei Broilern und Truthähnen, Muskelschwäche, Herzmuskelschwäche, Gewichtsverlust sowie Organveränderungen an Nieren, Herz und Lungen (Jestoi, 2008). Bei oraler Aufnahme natürlich kontaminierten Materials ist die Toxizität geringer als nach intravenöser oder intraperitonealer Verabreichung der Reinsubstanz, was auf einen natürlichen Exkretions- oder Detoxifizierungsmechanismus hindeuten könnte (Jestoi, 2008).

1.3 *Fusarium* als Pathogen in landwirtschaftlichen Kulturpflanzen

Fusarium spp. infizieren alle wichtigen Kulturpflanzen und können zu Ertragsverlusten führen, zudem kann es durch die begleitende Kontamination mit Mykotoxinen zu Vergiftungen bei Mensch und Tier kommen. Die wirtschaftlich bedeutendsten Krankheiten sind „Fusarium Head Blight" in Weizen (siehe unten), Kolben- und Stängelfäule in Mais, verursacht u.a. durch *F. graminearum*, *F. culmorum*, *F. verticillioides*, *F. subglutinans* und *F. proliferatum* (Munkvold, 2003; Bottalico et al., 1989), die „Bakanae Disease" in Reis durch *F. fujikuroi* (Sun und Snyder, 1981), „Fusarium Wilt" in Baumwolle durch *F. oxysporum* f. sp. *vasinfectum* (Smith et al., 1981) und „Fusarium Set and Stem Rot" durch *F. verticillioides* in Zuckerrohr (Croft, 2000). Der Infektionsweg unterscheidet sich je nach Wirtspflanze. Bei den typischen boden-stämmigen Mitgliedern des *F. oxysporum*-Spezieskomplexes läuft die Infektion meist nach dem folgenden Schema ab: nach dem Auskeinem der Chlamydosporen oder der Konidien kommt es zunächst zur Erkennung der Wurzel durch unbekannte Signalstoffe, darauf folgen Anlagerung und Einwachsen in das Wurzelgewebe und schließlich Hyphenwachstum im Xylem (Di Pietro et al., 2003). Das generelle, „most vexing problem" (Toussoun, 1981) bei *Fusarium*-bedingten Krankheiten ist das Fehlen von adäquaten Bekämpfungsmöglichkeiten. Der Einsatz von Fungiziden kann bei der Infektion oberirdischer Pflanzenteile (z.B. FHB) helfen, Ertragsverluste zu verringern. Eine vollständige Befalls- und Mykotoxinfreiheit ist aber nicht zu erwarten (Mezterhazy, 2003b; Parry et al., 1995; Pirgozliev et al., 2003). Bei anderen Krankheiten wie z.B. der Stängelfäule in Mais oder der Infektion mit Welkeerregern über die Wurzeln gibt es dagegen keine Möglichkeit der Kontrolle mit chemischen Pflanzenschutzmitteln (Nyvall, 1999). Dies liegt u.a. daran, dass es keine effektiven Formulierungen gibt, eine Applikationen in großer Bodentiefe technisch nur schwer möglich ist und, wenn doch, mit erheblichen Umweltbelastungen einhergehen würde. Inwieweit biologische Methoden wie der Einsatz von *Trichoderma* oder apathogenen *Fusarium* Stämmen (Alabouvette et al., 2009) auch im Ackerbau zur großflächigen Kontrolle von bodenbürtigen *Fusarium* Infektionen geeignet sind, muss noch untersucht werden. Aufgrund der langen Persistenz im Boden hilft daher manchmal nur der Anbau von resistenten Sorten, falls vorhanden, eine sehr weite Fruchtfolge oder das Ausweichen auf andere Kulturen.

1.3.1 Fusarium Head Blight in Weizen

Wirtschaftliche Bedeutung

Fusarium Head Blight (FHB) bzw. die partielle Taubährigkeit ist eine der wichtigsten Krankheiten von Weizen weltweit. Es kommt zur Verringerung des Kornertrags, zum Auftreten von verschrumpelten und verfärbten Körnern sowie zur Kontamination des Korns mit Mykotoxinen. Reduzierte Keimfähigkeit und schlechtere Backeigenschaften beeinträchtigen die Vermarktung zusätzlich (Bechtel et al., 1985; McMullen et al., 1997). Nach vorangegangener FHB-Epidemie im Jahr 1993 war der Weizenertrag im Norden Minnesotas, USA, im Vergleich zum Vorjahr um 50% reduziert. Amerikaweit werden die Verluste durch FHB in Weizen und Gerste während der 90er Jahren des letzten Jahrhunderts auf über 3.000.000.000 US-Dollar geschätzt (Windels, 2000).

Beteiligte *Fusarium* spp.

Insgesamt 17 unterschiedliche *Fusarium* spp. wurden von befallenen Ähren isoliert (Bottalico und Perrone, 2002; Parry et al., 1995). Nicht alle davon verursachen jedoch nach künstlicher Inokulation auch die typischen Symptome (Stack und McMullen, 1985; Wilcoxson et al., 1988). Trotzdem werden alle diese Arten zum sogenannten FHB-Komplex zusammengefasst. Weltweit gesehen ist *F. graminearum* der Haupterreger von FHB. Allerdings gibt es geographische und annuelle Unterschiede, z.B. ist *F. avenaceum* die dominante Art in Skandinavien (Uhlig et al., 2007). In Norddeutschland und den Niederlanden war bis vor einigen Jahren noch *F. culmorum* die Art, die am häufigsten von erkranktem Weizen isoliert wurde. Mittlerweile wird aber auch in diesen Regionen in erster Linie *F. graminearum* gefunden, was u.a. auf den verstärkten Maisanbau und den Klimawandel zurückgeführt wird (Schlüter et al., 2006; Waalwijk et al., 2003). Die Witterung vor Anthese kann nämlich das Artspektrum beeinflussen. *F. poae* wird eher nach trocken-warmer Witterung isoliert, während *F. graminearum* etwas höhere Feuchtigkeitsansprüche hat. *F. avenaceum* und

F. culmorum infizieren Weizen dagegen verstärkt bei kühl-feuchter Witterung (Xu et al., 2008).

Infektion und Symptome

Die Witterung vor Blühbeginn kann nicht nur das *Fusarium* Artspektrum beeinflussen, sondern auch die Menge des Inokulums und seine Verbreitung sowie Pilzwachstum, Mykotoxinproduktion und Pathogenität (Doohan et al., 2003). Bei FHB handelt es sich um eine Ähreninfektion. Kurz nach Anthese ist Weizen besonders anfällig, allerdings ist eine Infektion auch noch bis zur Teigreife möglich (Edwards, 2004; McMullen et al., 1997; Stack, 2003). Ascosporen von *F. graminearum*/*G. zeae* werden über Wind („air dispersal") und Regen („rain-splash dispersal") verbreitet (Paul et al., 2004). Für alle Fusarien ohne teleomorphe Form ist der Transport durch Regen über die Blattetagen die wichtigste Transportform (Parry et al., 1995). Windverbreitung ist aber, wie oben erwähnt (Kapitel 1.1.2 Überdauerung, Vermehrung und Verbreitung), nicht ausschließlich auf Ascosporen beschränkt. In Sporenwolken über Weizenfeldern wurden ebenso, wenn auch in weitaus geringerem Maße, Konidien anderer *Fusarium* spp. gefunden (Fernando et al., 2000).

Infektionsstrukturen und Ausbreitung von *Fusarium* spp. in der Ähre wurden u.a. lichtmikroskopisch und mit Hilfe von CLSM und Transmissionselektronenmikroskopie untersucht (Bushnell et al., 2003; Jansen et al., 2005; Kang und Buchenauer, 2000). Entscheidende Faktoren für den Befallsverlauf sind Temperatur und Feuchtigkeit nach der Landung der Sporen auf der Ähre. Gerade bei hoher Luftfeuchtigkeit in Verbindung mit Regenereignissen und höheren Temperaturen muss mit Starkbefall gerechnet werden. Die ersten Symptome treten bei optimalen Bedingungen bereits 2 – 4 Tage nach Infektion auf. Diese sind zunächst auf einzelne Ährchen beschränkt, die braune oder rot-braune Flecken, evtl. mit ausgebleichtem Zentrum, auf Vorspelze (Palea), Deckspelze (Lemma) oder den Hüllspelzen (Glumae) aufweisen. Die Flecken breiten sich über das gesamte Ährchen aus, das

Abbildung 1: Infektionsverlauf von FHB. Die Konidien keimen zunächst auf der Oberfläche von Antheren und Spelzen (A). Symptome von *F. graminearum* nach (B) 7 dpi, (C) 14 dpi, (D) 21 dpi. Systemische Ausbreitung von (E) *F. graminearum* und (F) *F. cerealis* über die Spindel (14 dpi) (Photos D. Christ).

daraufhin braun oder ausgebleicht erscheint (Abbildung 1, S. 23). Der Pilz kann über die Spindel in anderen Ährchen wachsen, dies ist vor allem bei *F. graminearum* und *F. culmorum* untersucht worden (Bushnell et al., 2003; Kang und Buchenauer, 2000). Zudem kann es zur vorzeitigen Seneszenz der Bereiche oberhalb des infizierten Ährchens kommen. In diesen Bereichen werden entweder gar keine oder höchstens noch Schrumpfkörner ausgebildet.

Bedeutung von ackerbaulichen Faktoren

Fruchtfolge, Sortenwahl, Bodenbearbeitung und der Einsatz von Fungiziden spielen eine wichtige Rolle bei der Kontrolle von FHB (Edwards, 2004). Ernterückstände an der Bodenoberfläche (Abbildung 2) sind die wichtigste Inokulumquelle (Khonga und Sutton, 1988; Meier et al., 2001).

Abbildung 2: Ernterückstände nach (A) Weizen und (B) Mais (Photos D. Christ).

Vor allem Maisstroh hat sich als optimales Substrat für die Ascosporenproduktion von *G. zeae* erwiesen (Stack, 2003). Im Vergleich zu Weizen oder Gerste sind das Infektionsrisiko und die Mykotoxinbelastung von Weizen nach Vorfrucht Mais signifikant erhöht (Dill-Macky und Jones, 2000; Teich und Hamilton, 1985). Die Zuckerrübe wird im Hinblick auf ihre Fruchtfolgewirkung oftmals als „Nicht-Wirtspflanze" oder „Gesundfrucht" bezeichnet. In der Empfehlung der Europäischen Kommission 2006/583/EC vom 17.08.2006 werden explizit Kartoffeln, Zuckerrübe, Klee, Alfalfa oder Gemüse als alternative Fruchtfolgeglieder zur Verringerung des Infektionspotentials genannt (Anonymus, 2006b). Allerdings gibt es neuere Beobachtungen, die einen verstärkten *Fusarium* Befall bzw. erhöhte Mykotoxingehalte im Weizen nicht nur nach Vorfrucht Mais oder Weizen, sondern auch nach Vorfrucht Zuckerrübe zeigen (Hecker et al., 2009; Lienemann, 2002; Obst et al., 1997; Weinert et al., 2007).

Das verstärkte Auftreten von FHB in den letzten Jahren wird u.a. mit dem zunehmenden Verzicht auf wendende Bodenbearbeitung in Verbindung gebracht (McMullen et al., 1997). Dill-Macky und Jones (2000) fanden signifikante Unterschiede in Befallshäufigkeit und Befallsstärke nach dem Pflügen im Vergleich zum Grubbern oder zur Direktsaat. Der Ertrag in gepflügten Parzellen lag 10% höher, während der DON-Gehalt von Weizen nach Vorfrucht Mais signifikant niedriger war (Dill-Macky und Jones, 2000). Unter optimalen Befallsbedingungen hat die Bodenbearbeitung jedoch keinen Einfluss, die wichtigste Maßnahme bei der Kontrolle von FHB ist daher die Sortenwahl (Miller et al., 1998).

Die Züchtung resistenter Sorten läuft sowohl über konventionelle als auch über markergestützter Selektion. QTLs für FHB-Resistenz wurden bisher auf allen Chromosomen außer 7D gefunden (Buerstmayr et al., 2009). Es gibt eine große genetische Variation für FHB-Resistenz im Weizen-Genpool, vor allem in Japan, China und Brasilien werden hochresistente Genotypen gefunden (Mesterházy, 2003a). Die Züchtung wird allerdings dadurch kompliziert, dass so viele unterschiedliche *Fusarium* spp. an FHB beteiligt sind. Fast alle Studien wurden mit *F. graminearum* oder *F. culmorum* durchgeführt, doch auch innerhalb dieser Arten wurde eine hohe umweltbedingte Variation der Aggressivität detektiert (Mesterházy, 2003a). Dementsprechend wird empfohlen, mehrere unterschiedliche Isolate entweder einzeln oder in Mischungen für die künstliche Inokulation bei Resistenzscreenings zu verwenden (van Euwijk et al., 1995).

Es wurden bisher vier unterschiedliche genetische Resistenzmechanismen beschrieben: 1. Resistenz gegen das Eindringen des Pilzes (Typ-I Resistenz), 2. Resistenz gegen die systemische Ausbreitung des Pilzes über die Spindel (Typ-II Resistenz), 3. Resistenz gegen die Korninfektion und 4. Resistenz gegenüber DON-Akkumulation oder die Fähigkeit, DON zu detoxifizieren (Mesterházy, 2003a; Miedaner et al., 2003). Darüber hinaus spielen auch phänotypische Eigenschaften eine Rolle: gestauchte (< 70 cm) sowie begrannte Genotypen zeigen eine verstärkte Neigung zu FHB (Miedaner, 1997).

Der Einsatz von Triazol-Fungiziden kann zusätzlich zu den oben erwähnten Maßnahmen helfen, die FHB-Befallsstärke und den DON-Gehalt des Getreides verringern. Andere Wirkstoffe hingegen haben entweder keine direkte Wirkung gegen *Fusarium* spp. oder führen z.B. durch Ausschaltung natürlicher Konkurrenten im Feld zu einer Steigerung von Befallsstärke und Mykotoxingehalt (Edwards, 2004; Mesterházy, 2003b).

1.3.2 *Fusarium* in Zuckerrüben

Auch wenn, wie im vorangegangenen Abschnitt geschildert, Zuckerrüben selbst von offiziellen Stellen wie der Europäischen Kommission als „Nicht-Wirtspflanzen" bezeichnet werden, können diese in allen Entwicklungsstadien und während der Lagerung von unterschiedlichen *Fusarium* spp. befallen werden. Das Ausmaß der Schäden und die Bedeutung von *Fusarium* in Zuckerrüben können jedoch nicht allgemein bewertet werden. In den USA sind fast alle Anbaugebiete mehr oder weniger stark von „Fusarium Yellows" oder „Fusarium Root Rot" betroffen, hier kommt es zu erheblichen Verlusten im Rüben- und

Weißzuckerertrag (Hanson und Jacobsen, 2009), während diese Krankheiten in Europa bisher noch nicht aufgetreten sind. Im Folgenden werden die einzelnen Symptomkomplexe näher beschrieben.

„Fusarium Yellows"

Bereits im Jahr 1931 wurde eine zunächst halbseitige Vergilbung, die später zur Welke und Nekrose des gesamten Blattapparates führt, beschrieben (Stewart, 1931). Typisch für diese als „Fusarium Yellows" bezeichnete Krankheit ist, dass äußerlich nur Blattsymptome zu erkennen sind, während der Rübenkörper selbst gesund erscheint. Erst wenn die Rübe aufgeschnitten wird, zeigen sich gräuliche Verfärbungen und Nekrosen entlang der Leitgefäße. Befallene Pflanzen im Bestand fallen zunächst dadurch auf, dass sie während der Mittagshitze Welkesymptome zeigen und zum Teil einen gestauchten Habitus aufweisen (Hanson und Hill, 2004). Die Blattsymptome beginnen zunächst mit Intercostalchlorosen. Charakteristisch ist, dass diese Chlorosen und die später daraus hervorgehende Welke zunächst meist auf eine Hälfte der Lamina beschränkt sind. Die Hauptursache für „Fusarium Yellows" ist Fob (*F. oxysporum* f. sp. *betae* = *F. conglutinans* f. sp. *betae* Stewart). Diese Art wurde in fast allen amerikanischen Anbaugebieten gefunden. (Windels et al., 2005; Hanson, 2006a; Hanson und Hill, 2004; Hanson und Jacobsen, 2009). In einzelnen Regionen werden jedoch immer wieder auch andere *Fusarium* spp. aus Zuckerrüben isoliert, die typische „Fusarium Yellows" Symptome aufweisen. Durch künstliche Inokulationsversuche im Gewächshaus konnte so die Pathogenität von *F. acuminatum*, *F. avenaceum* (Ruppel, 1991), *F. solani*, *F. verticillioides* (Hanson und Hill, 2004), *F. graminearum* (Hanson, 2006b; Burlakoti et al., 2006) sowie *F. sulphureum* (Burlakoti et al., 2006) nachgewiesen werden.

Es gibt bisher keine Möglichkeit, diese bodenbürtige Krankheit mit ackerbaulichen Maßnahmen zu bekämpfen. Selbst eine weite Fruchtfolgegestaltung ist angesichts der langen Persistenz der Sporen im Boden nicht erfolgreich, sodass bisher ausschließlich die

Sortenresistenz den Zuckerrübenanbau auch in Befallsgebieten nachhaltig gewährleisten kann. Es gibt zwar derzeit keine öffentlichen Züchtungsprogramme für „Fusarium Yellows"-Resistenz in Zuckerrüben; trotzdem haben alle großen Saatgutproduzenten in den USA resistente Sorten im Angebot (Panella und Lewellen, 2005). Grundlagen und Vererbung der Resistenz sind (zumindest öffentlich) nicht bekannt. In Sortenversuchen erwiesen sich vor allem einige transgene herbizidresistente „Roundup-Ready©"-Varietäten als besonders anfällig (Jacobsen, 2007). Die Züchtung wird durch die hohe Variabilität und eine mögliche Rassenbildung von Fob erschwert (Panella und Lewellen, 2005). Hanson et al. (2009) haben bei einigen Linien eine unterschiedliche Symptomausprägung in Abhängigkeit vom inokulierten *F. oxysporum*-Isolat beobachtet. Auch können einige „Fusarium Stalk Blight"-Isolate bei künstlicher Inokulation zu „Fusarium Yellows" Symptomen in anfälligen Pflanzen führen (Hanson und Hill, 2004).

„Fusarium Root Rot"

Diese Krankheit wurde zuerst in Texas beobachtet (Martyn et al., 1989), mittlerweile gibt es aber auch Berichte aus Colorado und Montana (Hanson und Jacobsen, 2006). Zu Beginn der Erkrankung können einige Pflanzen in der Mittagshitze eine leichte Welke zeigen, ansonsten sind keine Blattsymptome und auch noch keine äußerlichen Symptome an der Rübe zu erkennen. Die typischen Blattsymptome, die schon bei „Fusarium Yellows" beschrieben wurden, treten erst später und meist bei Temperaturen über 27° C auf. Zu diesem Zeitpunkt sind auch die gleichen Leitbündelnekrosen und Verfärbungen im Rübenkörper sichtbar wie bei „Fusarium Yellows". Zusätzlich kommt es bei „Fusarium Root Rot" auch zu einer Wurzelfäule. Zunächst ist nur die Wurzelspitze betroffen, mit zunehmender Infektionsdauer breitet sich die schwärzliche Verfärbung aber über große Teile des Rübenkörpers aus (Martyn et al, 1989). „Fusarium Root Rot" wird ebenfalls in erster Linie durch *F. oxysporum* verursacht. Von der Konidienmorphologie her ist der Erreger nicht von Fob, der

Hauptursache von „Fusarium Yellows", zu unterscheiden. Allerdings wurden Unterschiede in der Wachstumsrate beobachtet, wenn die Isolate bei unterschiedlichen Temperaturen auf PDA kultiviert wurden (Harveson und Rush, 1998). Zudem zeigten sich bei Untersuchungen mit Isoenzym-Markern (Martyn et al., 1989) und RAPDs (Fischer und Gerik, 1994) genetische Differenzen. „Fusarium Root Rot" Isolate aus Texas unterschieden sich von „Fusarium Yellows" Isolaten auch bezüglich der Einteilung in VCGs (Harveson und Rush, 1997), so dass eine neue forma specialis vorgeschlagen wurde: *F. oxysporum* f. sp. *radicis-betae*. Phylogenetische Untersuchungen sind bisher noch nicht publiziert. Bei „Fusarium Root Rot" können Fungizide den Befallsdruck ebenfalls nicht mindern. Genetisches Material mit einer erhöhten Toleranz ist bekannt, derzeit gibt es jedoch noch keine kommerziell nutzbaren Sorten auf dem Markt (Harveson, 2009).

Sekundäre Rübenfäulen

Nach vorangegangener Primärinfektion mit pilzlichen oder bakteriellen Erregern bzw. mechanischer Beschädigung, können Fusarien aus dem umgebenden Boden in die Zuckerrübe eindringen. Die Beschädigungen können dabei abiotischer (z.B. Verletzung des Rübenkörpers bei Pflegemaßnahmen, Bormangel, Wachstumsrisse) oder biotischer Natur (z.B. Nematoden, Schnecken, Mäuse) sein. Petersen und Schlinker (2003) beobachteten *Fusarium*-Infektionen von Zuckerrüben im Zusammenhang mit Gürtelschorf. In Sachsen-Anhalt wurden im Jahr 2007 auf vielen Schlägen nach wechselnden Witterungsbedingungen Rübenfäulen beobachtet, aus denen eine *Fusarium* spp. isoliert wurde (Anonymus, 2007b). Das Ausmaß der Fäule hängt u.a. von der kolonisierenden Spezies ab (Christ und Varrelmann, 2010). Neben dem ubiquitär vorkommenden *F. oxysporum* (Stoišin, 2006) werden vor allem Saprobionten wie *F. culmorum* (Asher und Hanson, 2006) häufig aus faulen Zuckerrüben isoliert. Jacobsen (2006) berichtet zudem über die Re-Isolation von *F. solani* aus Zuckerrüben mit deutlicher Rübenfäule in Großbritannien.

„Fusarium Stalk Blight"

Im Willamette Valley, Oregon, dem Zentrum der amerikanischen Zuckerrübensaatgutproduktion, wurde im Sommer 1971 zum ersten Mal eine Fäule der Sprossachse an samentragenden Zuckerrüben beobachtet (Gross und Leach, 1973). Neben allgemeinen Welkesymptomen und Verfärbungen der Leitgefäße kam es auch zur Nekrose und Abstoßung der Samenträger. In stark befallenen Vermehrungsbeständen wiesen mehr als 50% der Pflanzen Symptome auf. Fob wurde als Erreger identifiziert und konnte nicht nur aus den befallenen Stängelabschnitten isoliert werden, sondern auch aus 1-3% der Samen. Mittlerweile konnte auch *F. solani* als ein weiterer Verursacher von „Fusarium Stalk Blight" nachgewiesen werden (Hanson und Lewellen, 2007). Im Jahr 1976 wurde vom „United States Department of Agriculture" (USDA) ein Züchtungsprogramm für „Fusarium Stalk Blight"-Resistenz ins Leben gerufen, das zur Selektion mehrerer resistenter Linien führte (Panella und Lewellen, 2005). McFarlane (1981) berichtet, dass Züchtungslinien eine große Variabilität für „Fusarium Stalk Blight"-Resistenz aufweisen. Es wird ein polygener und dominanter Erbgang für „Fusarium Stalk Blight"-Resistenz vermutet (McFarlane, 1981).

Umfallkrankheit („Damping-off")

Diese Krankheit, die vor allem bei feucht-kalter Witterung auftritt, wird in erster Linie von *Aphanomyces cochlioides*, *Pythium* spp. und *Phoma betae* verursacht (Asher und Hanson, 2006). In Gebieten, in denen Zuckerrüben auch bei höheren Temperaturen ausgesät werden, kann zudem auch *Rhizoctonia solani* (Anastomosegruppe AG-2-2 und AG-4) zur Umfallkrankheit beitragen (Asher und Hanson, 2006; Hanson und McGrath, 2009). Aber auch unterschiedliche *Fusarium* spp. können die Sämlinge direkt nach dem Auflaufen schädigen (Hanson und McGrath, 2009). Das Inokulum muss dabei nicht zwangsläufig aus dem Boden kommen. Auch aus oberflächensterilisierten Zuckerrübensamen konnten *Fusarium* spp. isoliert werden (Singh et al., 1973). Abada (1994) nennt, neben anderen *Fusarium* spp.,

F. solani als häufige Ursache der Umfallkrankheit in Ägypten. Hillmann und Schlösser (1987) vermuteten Fob als Ursache einer Hypokotylfäule, die 1983 und 1985 in Süddeutschland bei Zuckerrübenpflanzen im 6- bis 12-Blattstadium beobachtet wurde. Es war jedoch nicht möglich, die Symptome durch Inokulation von Jungpflanzen mit den aus erkrankten Rüben isolierten Fusarien im Gewächshaus nachzuvollziehen. Von daher ist es fraglich, ob es sich hier wirklich um die forma specialis *betae* gehandelt hat.

Im Gegensatz zu anderen *Fusarium* bedingten Krankheiten der Zuckerrübe kann bei Umfallkrankheiten der Einsatz von Fungiziden (z.B. Thiram, Hymexazol) helfen. Diese Mittel werden z.T. in der Pillierung gegen Auflaufkrankheiten eingesetzt, die gezielte Wirksamkeit gegen die *Fusarium* bedingte Umfallkrankheit der Zuckerrübe ist bisher aber noch nicht untersucht worden. Biologische Kontrollmaßnahmen mit *Trichoderma harzianum* zeigten in Gewächshaus- und Feldversuchen einen Infektionsrückgang (Abada, 1994). Generell können auch vorbeugende Maßnahmen wie die Schaffung eines gut drainierten und belüfteten Saatbetts helfen, die Keimung zu unterstützen und so die Schäden durch Umfallkrankheiten zu mindern (Asher und Hanson, 2006).

Lagerfäule

Zuckerrüben werden nach der Ernte zunächst in Feldrandmieten gelagert (Abbildung 3, S. 32). Die Lagerdauer variiert dabei von einigen Tagen bis zu mehreren Wochen. Zudem gibt es die Bestrebung der Zuckerindustrie aufgrund der geänderten Rahmenbedingungen, Fixkosten zu sparen und die Kampagne und damit auch die Lagerzeit zu verlängern (Kenter und Hoffmann, 2009). Durch Verletzungen der Rüben bei Ernte oder Errichtung der Miete kommt es zu einer gesteigerten Respiration und damit zum Qualitätsverlust: der Saccharose-Gehalt verringert sich, während der Invertzuckergehalt ansteigt (Peterson et al., 1981). Vor allem über die Verlet zungen an der Köpfstelle und an der Wurzelspitze können Bakterien und Pilze aus der anhängenden Erde eindringen und zu Lagerfäule führen. Sogenannte „Hot

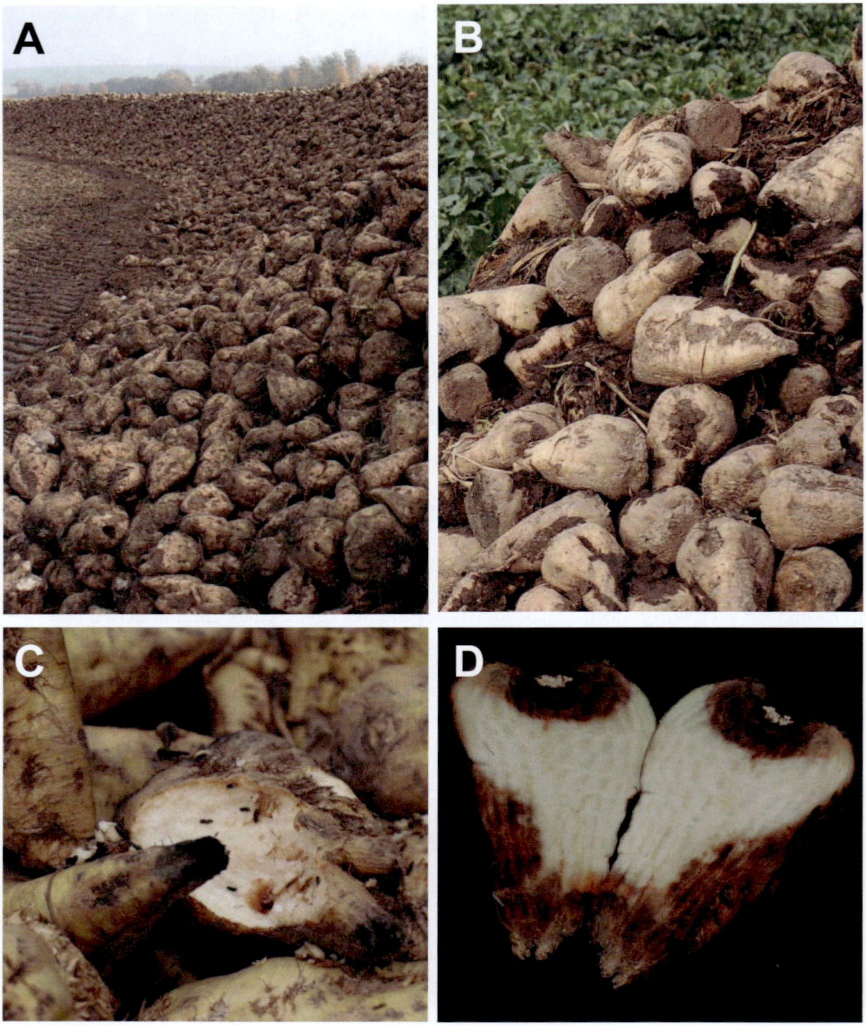

Abbildung 3: Lagerfäule bei Zuckerrüben. Rüben werden nach der Ernte z.T. über mehrere Wochen in Feldrandrandmieten gelagert (A). Aus anhaftendem Boden (B) können über mechanische Beschädigungen oder Wildverbiss (C) Saprobionten eindringen und zur Fäule führen. Dabei sind oftmals die Köpfstelle und die Wurzelspitze besonders betroffen (D) (Photos D. Christ).

Spots" [lokalisierte, 25-35°C warme Bereiche in der Miete, die durch Unterbindung der Luftzirkulation entstehen (Cole und Bugbee, 1976)] sind oftmals besonders betroffen (Halloin und Roberts, 1991), allerdings können sich die Lagerfäulen auch von diesen ausgehend über große Teile der Miete ausbreiten. Die am häufigsten aus Lagerfäulen isolierten Pilze sind *Phoma betae*, *Penicillium claviforme*, *Botrytis cinerea*, *Aspergillus fumigatus* und *Fusarium* spp. (Bugbee, 1982; Halloin und Roberts, 1991). Bosch und Mirocha (1992) fanden in amerikanischen Untersuchungen neun unterschiedliche *Fusarium* spp. in gelagerten Rüben. Mit 23 von 55 Isolaten wurde *F. equiseti* am häufigsten isoliert. Die wirtschaftlichen Verluste durch Lagerfäulen sind nur schwer zu beziffern. Die veränderte qualitative Zusammensetzung beeinträchtigt jedoch die Kristallisation, so dass bei starker Lagerfäule mit Saccharose-Verlusten zu rechnen ist (Bugbee, 1982).

2. Ziele der Arbeit

Es gibt in letzter Zeit verstärkt Berichte, wonach auch in Deutschland und anderen Teilen Europas Rübenfäulen und Blattsymptome von *Fusarium* verursacht worden sein sollen (z.B. Anonymus, 2007b; Karadimos und Karaoglanidis, 2006; Nitschke et al., 2009; Stoišin et al., 2006). Zumeist wird dabei allein aus der Isolation von *Fusarium* spp. aus dem erkrankten Gewebe auf die Pathogenität geschlossen. Es gibt jedoch nicht nur Pathogene, sondern auch andere Lebensformen unter den Fusarien. Bei der Beurteilung der Ursache von Rübenfäulen müssen dementsprechend Primärpathogene von Endophyten und Saprobionten unterschieden werden. Die Untersuchung von Zuckerrüben, die zum Zeitpunkt der Ernte keine Symptome aufweisen, soll darüber Aufschluss geben, wie hoch der natürliche Infektionsgrad mit *Fusarium* spp. ist und welche Arten endophytisch in Zuckerrüben vorkommen. Dieser Zusammenhang soll durch anschließende Pathogenitätsteste unterstützt werden.

Zuckerrüben werden in Mitteleuropa nach der Ernte in Feldrandmieten gelagert. Dort sind sie über mehrere Wochen wechselnden Witterungsbedingungen und unterschiedlichen Mikroorganismen ausgesetzt. Dementsprechend soll überprüft werden, ob die Lagerung einen Einfluss auf den Befall und das Artspektrum in Zuckerrüben hat. Inwieweit dabei äußere Einflüsse eine Rolle spielen, soll durch unterschiedliche Lagerungsvarianten überprüft werden.

Wenn man die Literatur und die aktuellen Höchstmengenverordnungen betrachtet, wird deutlich, dass in Weizen in erster Linie mit B-Trichothecenen und ZEA gerechnet werden muss, während in Mais FUM dominieren, aber auch DON und ZEA vorkommen. Die Mykotoxinprofile vieler Getreideisolate sind zudem *in vitro* und *in planta* charakterisiert worden. Obwohl die Zuckerrübe seit 1931 als Wirtspflanze für *Fusarium* spp. bekannt ist, gibt es außer zweier Publikationen zu ZEA in Zuckerrüben und Zuckerrübenprodukten (Bosch und Mirocha, 1992; Skrinjar et al., 1995) und einer zur *in vitro* Trichothecen-

Produktion durch *F. graminearum* (Burlakoti et al., 2007) bisher noch keine Informationen darüber, welche Mykotoxine in Zuckerrüben vorkommen können. Die Bestimmung des *in vitro* Mykotoxinprofils aller isolierten Arten soll daher der Frage nachgehen, ob aus Zuckerrüben isolierte Fusarien ein ähnliches Mykotoxinprofil haben, wie Fusarien, die aus anderen Wirtspflanzen isoliert wurden. Ein weiterer, praktisch orientierter Ansatz ist, im Vorfeld von größeren und kostenintensiven Praxisuntersuchungen die wichtigsten Toxingruppen für die Zuckerrübe zu bestimmen, um so Zeit und Geld für unnötige Analytik zu sparen.

Zudem soll die potentielle Übertragbarkeit von *Fusarium* über die Fruchtfolgeglieder Zuckerrübe und Weizen untersucht werden. Abgesehen von *F. graminearum* (Burlakoti et al., 2007) ist bisher noch nicht überprüft worden, ob auch andere aus Zuckerrübe isolierte *Fusarium* spp. in Weizen pathogen sind. Darüber hinaus soll die Mykotoxinbildung in Weizen nach Inokulation mit den am häufigsten aus Zuckerrübe isolierten *Fusarium* spp. ermittelt werden.

3. Manuskript 1: Occurrence, Pathogenicity, and Mycotoxigenic Potential of *Fusarium* Species in Freshly-Harvested and Stored Sugar Beet

Daniela S. Christ, Bernward Märländer and Mark Varrelmann[1]

Institute of Sugar Beet Research, Holtenser Landstr. 77, 37079 Göttingen, Germany

Manuscript submitted to Phytopathology

ABSTRACT

Based on a two-year field trial at two locations in Lower Saxony (Germany), 395 *Fusarium* isolates belonging to 13 species were collected from more than 3,000 sugar beet roots. In a comparative screen, sub-samples were analyzed for *Fusarium* infection directly after harvest and after different storage conditions. No increase in infection rate with increasing storage duration was detected, however, a different species composition was observed. *F. redolens* was predominant in freshly-harvested beets, while due to saprotrophic colonization the *Fusarium* mycoflora of sugar beets subjected to long-term pile storage in 2006/07 was comprised of 50% and 84.8%, respectively, of *F. culmorum*, *F. cerealis*, and *F. graminearum*. Isolates of all species detected were tested for pathogenicity to sugar beet, but only *F. graminearum* and *F. sambucinum* caused severe root symptoms, suggesting that most isolated species were endophytic colonizers. Overall, 34 isolates of all species detected were characterized for their mycotoxin profile in rice culture to determine potentially produced toxins for future analysis of sugar beet. A total of 26 *Fusarium* mycotoxins were detected by LC-MS/MS, including trichothecenes, zearalenone, and especially high amounts of beauvericin, enniatins, and moniliformin. Further work is required to analyze the natural occurrence of these mycotoxins in sugar beet.

[1] Corresponding author: M. Varrelmann; E-Mail address: varrelmann@ifz-goettingen.de

Fusarium species can cause yield and quality reduction in many food and feed crops, best-known for wheat and maize. Besides the economic losses due to Fusarium head blight (FHB) and Fusarium ear rot, mycotoxin contamination is of great concern for human and animal health. In Germany as well as in many other Central European countries, *F. graminearum* (teleomorph *Gibberella zeae*) is the predominant *Fusarium* spp. in wheat followed by *F. culmorum* and other species to a lesser extent (7,35,41).

Fusarium spp. can also cause infections in sugar beet (*Beta vulgaris* L.) resulting in reduced root yield and sucrose concentration (24). A foliar yellowing and wilting caused by *F. oxysporum* f. sp. *betae* was first described in 1931 (50). Since then, in North America two diseases, Fusarium yellows and Fusarium root rot, have become known (25). Additional species have been identified to cause damage in growing sugar beet in the U.S., including *F. acuminatum*, *F. avenaceum*, *F. culmorum*, *F. graminearum*, and *F. sulphureum* (22). In Europe, *Fusarium* is known to occasionally cause seedling damping-off or storage rot in sugar beet (43). Neither Fusarium yellows nor Fusarium root rot have been described, yet; however, *Fusarium* spp. are frequently isolated from beets displaying root rots or leaf symptoms (29,45,51). Nevertheless, when tested under controlled conditions, only a few of these isolates were pathogenic (45), suggesting that they just co-existed with other pathogens or were secondary invaders. Besides saprotrophic colonization, endophytic growth of *Fusarium* spp. has also been recorded for various plant genera and species (32), including the well known pathosystem of maize and *F. verticillioides* (3).

Storage is an important postharvest stage of many crops during which they are exposed to different microorganisms. The mycoflora of wheat is classified into field fungi (*Alternaria*, *Cladosporium*, *Helminthosporium*, and *Fusarium*) and storage fungi (*Aspergillus*, *Penicillium*), either invading seeds before harvest or causing spoilage of stored grain (12). However, this classification cannot be applied to sugar beet. Unlike wheat grains, sugar beets are not free of soil when harvested. Due to current harvesting techniques, soil losses average 9 t/ha in Europe (44). This soil adheres to the beets during outdoor storage in piles and provides a potential inoculum source while mechanical damages caused due to harvest practice (taproot breakage, chopping of leaves and crown) provide entry gates for saprotrophic organisms. Sugar beet has also a different postharvest physiology: while the moisture content of stored wheat grain is usually below 15% (12), the water content of sugar beet does not fall below 70% during storage (26). Therefore, the isolation of *Fusarium* spp. from stored beets is not surprising. In fungal-invaded stockpile-beets in Minnesota, USA, nine different *Fusarium* spp. were detected; with 23 out of 55 isolates, *F. equiseti* was most frequently isolated (5). However, the impact of *Fusarium* on stored sugar beet has not been completely investigated, yet.

In cereals, the commonly occurring *Fusarium* spp. are well known and characterized for pathogenicity and mycotoxin production. Infection pathway, factors supporting disease development and even targets for resistance breeding have been studied for decades (33). On the contrary, this knowledge is lacking in sugar beet. Having a clear understanding of the presence of *Fusarium* spp. and their associated pathogenicity and mycotoxigenic potential is critical for the development of strategies for monitoring and managing diseases as well as mycotoxin contamination in sugar beet.

The purposes of this study are to (i) determine *Fusarium* spp. present in sugar beet directly after harvest and during storage, (ii) describe the basic impact of storage and adhering soil on the *Fusarium* species composition, (iii) characterize the species' affinity for a rather pathogenic, saprotrophic or endophytic lifestyle, and (iv) determine targets for future mycotoxin analysis of sugar beet and sugar beet products by mycotoxin profiling of rice cultures. This article provides a comprehensive overview of *Fusarium* spp. and their potential mycotoxin production in freshly-harvested and stored sugar beet in Europe.

MATERIALS AND METHODS

Experimental design and storage conditions. *Fusarium* susceptible cultivar 'Fabella' (Syngenta Seeds, Landskrona, Sweden), was sown at two locations near Goettingen, Lower Saxony, Germany, and grown using standard agronomic practices. Fertilizer and pesticides were conventionally applied after recommendation of local extension service. The field trial was integrated in a three-year wheat-dominated crop rotation. In 2006 and 2007, a total of 1,240 and 1,800 sugar beets, respectively, were harvested by hand evenly from both locations. After harvest, sub-samples were either used directly for fungal isolation ("freshly-harvested") or stored for 4, 12 or 16 weeks. According to current agricultural practice, adhering soil was not removed until processing. One subsample of the beets was stacked outside exposed to the weather in a heap simulating pile storage for 16 weeks. No temperatures below 0°C were recorded during storage, therefore no coverage was used. To investigate the basic influence of storage without additional external influences (e.g. air dispersal of spores, rain, varying temperature and humidity) on colonization of sugar beet, the remaining beets were stored in a controlled environment at 4°C for four and 12 weeks, respectively.

Isolation and species identification. After washing, two small pieces (diameter ca. 0.5 cm) were removed from the center of each beet, surface disinfected (30 s in 1.5% NaOCl, rinsed twice in sterile distilled water), blotted dry on sterile filter paper, and placed on potato dextrose agar (PDA) supplemented with 200 mg/L streptomycin in plastic Petri dishes. Dishes were incubated at 22°C in the dark and evaluated daily for three weeks for mycelial growth. Besides *Fusarium* spp., various other fungi (i.a. *Aspergillus* spp., *Penicillium* spp., *Alternaria* spp.) were detected but not characterized further. Beets were considered to be colonized if at least one tissue piece revealed *Fusarium* growth. Pure cultures were obtained either by hyphal-tips or dilution plating (34), depending on the growth rate. Species identification was based on morphological traits of three-week-old cultures grown on

Spezieller Nährstoffarmer Agar (SNA) (38) at 25°C under continuous near ultra violet light (17,34). All *Fusarium* isolates were stored as spore suspensions in 15% glycerol at -80°C in the culture collection of the Institute of Sugar Beet Research (Goettingen, Germany). Morphological species identification was confirmed by PCR-RFLP of *tef1* partial sequences obtained with specific primers EF-1 and EF-2 (40) according to Nitschke et al. (39). DNA extraction, PCR, and restriction enzyme digestion of PCR products were conducted as described therein. Additionally, PCR-products from isolates used for pathogenicity tests and mycotoxin analysis were sequenced by Eurofins (Hamburg, Germany). Sequences were subjected to the Basic Local Alignment Search Tool (BLAST) (2) and submitted to NCBI GenBank sequence database (accession nos. HQ702566 to HQ702600).

Preparation of inoculum. One randomly chosen isolate of each *Fusarium* spp. isolated from the field trials was tested for pathogenicity to sugar beet in greenhouse experiments: *F. avenaceum* isolate O84 (culture collection no. DSM 23359), *F. cerealis* O45 (DSM 23356), *F. culmorum* O29 (DSM 23354), *F. equiseti* O19 (DSM 23353), *F. graminearum* O14 (DSM 23352), *F. oxysporum* O38 (DSM 23355), *F. proliferatum* O83 (DSM 23358), *F. redolens* O1 (DSM 23351), *F. sambucinum* O89 (DSM 23363), *F. solani* O85 (DSM 23360), *F. sporotrichioides* O87 (DSM 23362), *F. tricinctum* O63 (DSM 23357), and *F. venenatum* O86 (DSM 23361). These isolates have been deposited at the German Collection of Microorganisms and Cell Cultures (DSMZ, Braunschweig, Germany). *F. oxysporum* isolate Fob13, previously described to cause Fusarium Yellows (23) from Oregon, USA, was used as positive control. For inoculum preparation, two plugs (diameter 0.5 cm) of fungal hyphae were transferred from the edge of an actively growing culture on PDA to 250 ml of SN-Broth [same ingredients as SNA (38) but without solidification]. Flasks were incubated at 20°C under normal daylight conditions on a laboratory shaker (100 rpm). After two weeks, the spore concentration was adjusted to approximately 5×10^4 conidia/ml with sterile distilled water.

Plant material and inoculation. Non-coated seeds of a *Fusarium* susceptible sugar beet hybrid (KWS Saat-AG, Einbeck, Germany) were sown in pots filled with sterilized standard potting mixture (75% sandy clay, 25% sand). Plants were grown in the greenhouse at 22/18°C (day/night) with a photoperiod of 12 h. Ten plants per treatment were used and experiments were repeated once. Inoculation was performed five weeks after sowing (5-6 leaf stage), according to a protocol of Hanson and Hill (22) with slight modifications. The beets were carefully removed from soil, washed and inoculated by dipping roots in a spore suspension for 8 min. Spores were kept in suspension by use of a magnetic stirrer at low speed. Control plants were dipped in sterile water. Inoculated plants were transferred individually to 0.5 L pots, returned to the greenhouse and capped with plastic foil to reduce transplant shock. The foil was removed after seven days and the temperature set to 26/22°C (day/night). Plants were evaluated weekly for the occurrence of foliar symptoms. At nine weeks after inoculation, plants were harvested, washed and root symptoms rated according to a 0–5 scale: 0 = plant healthy, 1 = single discolored spots in nearly healthy beet, 2 = few discolored spots, tissue without necrosis, 3 = discoloration and single necroses in tissue, shrunken beets, 4 = severe damaged beets with necroses but plants still alive, 5 = tissue completely necrotic, plant lost. Re-isolation and species identification followed the same protocol as described above.

Mycotoxin analysis. Thirty four *Fusarium* single spore isolates from the field trials were chosen for mycotoxin analysis. Mycotoxin production was determined on autoclaved rice grains using a slightly modified protocol of Greenhalgh et al. (19). Briefly, after the addition of 50 g of rice grains (Uncle Ben's long grain rice) and 70 ml sterile distilled water to 500 ml Erlenmeyer flasks, the rice was incubated at room temperature overnight. The flasks were sealed, autoclaved twice (121°C, 15 min) and inoculated with two plugs each (0.5 cm diameter) of an actively growing culture on PDA. Flasks were incubated at 22°C in the dark. For the first three days after inoculation, the flasks were shaken once daily to ensure even distribution of inoculum. After four weeks, rice cultures were immediately frozen to -20°C, freeze-dried and ground to a fine powder with a laboratory blender. Three flasks per isolate were inoculated and ground separately. Since the purpose was to determine toxin classes produced and not their absolute quantity, replicates were not individually analyzed, but a homogeneous mixture of the three flasks was prepared. Samples were stored at -20°C until analysis at the Center for Analytical Chemistry, Department for Agrobiotechnology (IFA, Tulln, Austria). All samples were tested for deoxynivalenol (DON), 3- and 15-acetyl-deoxynivalenol (ADON), nivalenol (NIV), fusarenon X (FUS X), diacetoxyscirpenol (DAS), monoacetoxyscirpenol (MAS), neosolaniol (NEO), HT-2 toxin, T-2 toxin, zearalenone (ZEA), α- and β-zearalenol (ZOL), fumonisin (FUM) FB_1, FB_2, and FB_3, beauvericin (BEAU), enniatin (ENNI) A, A1, B, B1, and B2, moniliformin (MON), equisetin (EQUI), 2-amino-14,16-dimethyloctadecan-3-ol (2-AOD-3-ol), and avenacein Y (AVENA Y) using a LC-MS/MS-based method which has been described previously (54,55). In brief, 5 g of the mixed sample were extracted with 20 ml solvent mixture (acetonitrile/water/acetic acid 79:20:1, v/v/v) on a rotary shaker for 90 min. The extract was diluted with the same volume of dilution solvent (20:79:1 acetonitrile/water/acetic acid, v/v/v) and 5 µl of this mixture were directly applied for LC-MS/MS. For samples containing very high ENNI and BEAU concentrations, dilutions (1:200 and 1:10000) were re-analyzed. External calibration was performed with a liquid multi-toxin standard. A blank sample was spiked at one concentration level in triplicate. When recovery was out of range (100 ± 10%), results were corrected. Recovery rates, standard deviation and limits of detection (LODs) were calculated.

RESULTS

Species composition in freshly-harvested and stored sugar beet. In general, no symptoms comparable to Fusarium yellows were observed in the two locations studied during the growing season; beets did not show any symptoms of root rot or yellowing at the time of harvest. After long-term storage of 12 and 16 weeks, some beets had developed a severe storage rot with discolorations and rotting tissue predominantly at the taproot and in the area of the chopped crown. Overall, 395 *Fusarium* isolates were recovered and taxonomically assigned to 13 species (Table 1). On average, 12.7% (range 3.8 – 37.5%) of the beets were considered to be infected. The majority of the beets revealed only a single species, but a few were infected with at least a second one. No continuous increase of the infection rate with increasing storage duration was noted, but depending on the storage duration, a different species composition was observed (Table 1). In both years, *F. redolens* was most frequently isolated from freshly-harvested beets (46% and 63% of all isolates in 2006 and 2007, respectively) followed by *F. equiseti*, *F. oxysporum*, *F. culmorum*, and *F. tricinctum* to a lesser extent. In contrast, *F. culmorum* was the predominant species in beets subjected to long-term storage in piles. When summarizing the cereal-pathogenic and saprotrophic species *F. culmorum*, *F. cerealis* (syn. *F. crookwellense*), and *F. graminearum*, it became obvious, that they constituted 50% (2006) and 84.8% (2007) of all isolates recovered. A comparable shift in the species composition was observed for beets stored under controlled conditions. *F. redolens* was still prevailing in beets subjected to short-term storage at 4°C for four weeks (45% and 43%, respectively), while after 12 weeks, *F. culmorum* was the predominant species (43% and 41.2%, respectively). *F. graminearum* was not detected in beets directly after harvest. In contrast, *F. oxysporum* was, with one exception, only isolated from beets freshly-harvested. Other species like *F. cerealis*, *F. equiseti*, *F. oxysporum*, and *F. tricinctum* varied in frequency of their detection, although nearly constantly occurring over all treatments. A few single isolates of other *Fusarium spp.* were occasionally detected throughout all storage treatments (Table 1).

TABLE 1. *Fusarium* species isolated from sugar beets subjected to different storage conditions in 2006/07

	2006					2007					2006/07
	Storage duration (weeks)[a]				Σ	Storage duration (weeks)[a]				Σ	Σ
Species	0	4	12	16		0	4	12	16		
F. avenaceum	-	-	-	-	-	-	-	1	-	1	1
F. cerealis	-	-	4	8	12	-	1	-	28	28	40
F. culmorum	6	2	29	24	61	4	6	7	30	47	108
F. equiseti	18	10	-	12	40	5	5	-	-	10	50
F. graminearum	-	1	8	3	12	-	-	-	9	9	21
F. oxysporum	5	3	-	1	9	7	2	0	0	9	18
F. proliferatum	-	-	-	-	-	-	1	-	-	1	1
F. redolens	29	17	5	6	57	29	15	4	2	50	107
F. sambucinum	-	-	-	-	-	-	-	-	2	2	2
F. sporotrichioides	-	-	-	-	-	-	1	-	-	-	1
F. solani	1	-	-	-	1	-	-	-	-	1	1
F. tricinctum	4	5	-	15	24	3	4	5	6	18	42
F. venenatum	-	-	-	1	2	-	-	-	2	2	3
Σ	63	38	46	70	217	48	35	17	79	178	395
Number of beets tested	500	120	120	500	1,240	500	400	400	500	1,800	3,040
Number of beets infected	61 (12.2%)	36 (30%)	45 (37.5%)	69 (13.8%)	211 (17%)	47 (9.4%)	34 (8.8%)	15 (3.8%)	78 (15.6%)	174 (9.7%)	385 (12.7%)

[a] Storage of four and 12 weeks was conducted at 4°C under controlled conditions, storage for 16 weeks outside in a pile.

Pathogenicity test. First leaf symptoms were observed in plants inoculated with the American Fob13 isolate after a latency of four weeks. Initially, one-sided interveinal chlorosis followed by yellowing of the whole lamina was most prominent. Later, necrosis, downward twisting of leaves and wilting of the plant was observed. However, foliar symptoms were restricted to the beets inoculated with *F. oxysporum* f.sp. *betae* (Fob13). Only a single plant inoculated with *F. sambucinum* showed complete wilting while exhibiting a severe root rot. The two trials showed only slight differences in root symptoms. Therefore the results shown in Fig. 1 were summarized over both trials, representing 20 plants per treatment. Root symptoms were more evenly distributed across the inoculations of the different species than foliar symptoms (Fig. 1), although most beets exhibited, if any, single or few brownish spots within the central cylinder. One plant inoculated with *F. oxysporum* (O38) showed a brownish discoloration of the whole central cylinder. But the most severe symptoms were again caused

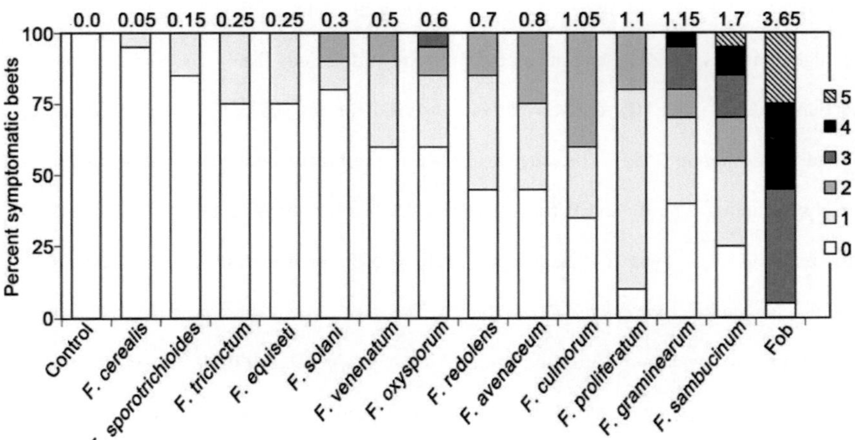

Fig. 1. Results of greenhouse pathogenicity test of *Fusarium* spp. in sugar beet. Beet symptoms were rated according to a 0 (healthy) to 5 (beet completely necrotic) scale. Numbers above bars indicate average disease score (n=20).

by Fob13, as expressed by the average disease score (Fig. 1). Nevertheless, cross sections of some other beets inoculated with *F. graminearum* and *F. sambucinum* displayed comparable severe symptoms. Besides intense discoloration and necroses of vascular elements also stunting of beets was observed. With one exception, root symptoms were limited to the internal tissues. The only plants with symptoms on the root surface were those inoculated with *F. avenaceum*; some of the beets had black necrotic lesions on the crown, restricted to the cortex. Although several inoculated beets did not show any root symptoms, re-isolation of the inoculated species was possible from almost all beets (data not shown).

Mycotoxygenic potential of *Fusarium* spp. isolated from sugar beet. Mycotoxin production of *Fusarium* spp. on autoclaved rice grains is shown in Tables 2 and 3, respectively. Results are arranged according to the ability of the different species to produce trichothecenes. Generally, the results confirmed the species designation, but a few unexpected mycotoxin combinations were found. With the exception of O64, all cultures of *F. cerealis*, *F. culmorum*, and *F. graminearum* revealed rather low amounts of type B-trichothecenes, while high amounts of ZEA and its derivatives were detected (Table 2). Simultaneous production of DON- and NIV-derivatives was observed for isolates of *F. culmorum* (O29, O64) and *F. venenatum* (O86). The latter also showed the broadest range of mycotoxins in this study, including type A- and B-trichothecenes (DON, NIV, FUS X, DAS, MAS, NEO, T2) as well as BEAU. Type A-trichothecenes were also detected in cultures of *F. equiseti*, *F. sambucinum*, and *F. sporotrichioides* (Table 2). The only isolate which produced FUM in detectable amounts was taxonomically assigned to *F. proliferatum* (Table 3). Mycotoxin production by *F. redolens* and *F. oxysporum* was restricted to the cyclohexadepsipeptides (BEAU and ENNI) and MON. Although toxin production varied between the different isolates of *F. redolens*, BEAU was much more prevalent than ENNI. On the contrary, in cultures of *F. oxysporum* higher amounts of ENNI were detected (Table 3). Cultures of *F. avenaceum* and *F. tricinctum* produced not only high levels of ENNI and MON, but also significant amounts of 2-AOD-3-ol and AVENA Y. In addition to the results shown in Tables

2 and 3, trace amounts of ENNI just above the LOD were found in some cultures of *F. cerealis*, *F. culmorum*, *F. equiseti*, *F. sambucinum*, *F. sporotrichioides*, and *F. venenatum*, traces of 3-ADON were determined in a culture of *F. redolens* (data not shown).

DISCUSSION

Species identification based on a morphological concept and supported by molecular data as well as mycotoxin profiles provided a comprehensive overview of frequently occurring *Fusarium* species in sugar beet roots. More than a dozen *Fusarium* spp. were detected, but only seven were isolated at high frequencies. Although the percentage of individual species varied slightly between 2006 and 2007, the species composition detected in the different storage times and treatments remained almost constant. *F. redolens* always proved to be the most frequently isolated species in freshly-harvested beets. This species is practically unknown in agricultural crops but potato (42), though well known as pathogen in horticultural crops (4,16,18). On the contrary, comparatively few isolates of *F. oxysporum*, main causal agent of the severe yield and quality losses in the U.S. (22,23,25), were detected and all isolates were obtained from obviously healthy looking beets. All other frequently isolated species (*F. cerealis*, *F. culmorum*, *F. equiseti*, *F. graminearum*, and *F. tricinctum*) are known to be part of the FHB-complex in Europe (7,41) and therefore widespread in wheat-growing areas.

Based on current taxonomic understanding, some of the detected morphological species (*F. graminearum*, *F. oxysporum*, and *F. solani*) are comprised of a number of phylogenetic and/or biological species (31,40,62). Further analyses will have to show if *F. oxysporum* isolates obtained from obviously healthy-looking sugar beets might be distinguished phylogenetically from the so called forma specialis *betae*.

TABLE 2. Mycotoxins[a] (mg/kg) produced by trichothecene producing *Fusarium* spp. isolated from sugar beet in autoclaved rice after four weeks incubation at 22°C

	Type-B trichothecenes					Type-A trichothecenes					ZEA-derivatives			Others	
Isolate	DON	3-ADON	15-ADON	NIV	FUS X	DAS	MAS	NEO	HT-2	T-2	ZEA	β-ZOL	α-ZOL	BEAU	EQUI
F. cerealis															
O41	-	-	-	-	-	-	-	-	-	-	2.1	0.1	0.01	-	-
O43	-	-	-	1.9	4.6	-	-	-	-	-	-	-	-	-	-
O45	-	-	-	0.04	0.05	-	-	-	-	-	0.06	0.01	0.01	-	-
F. culmorum															
O27	0.3	2.4	-	-	-	-	-	-	-	-	398	0.4	0.9	-	-
O28	-	0.03	-	-	-	-	-	-	-	-	0.3	0.05	0.02	-	-
O29	0.01	0.03	-	0.02	0.2	-	-	-	-	-	-	-	-	-	-
O64	222	1,870	290	1.1	8.9	-	-	-	-	-	1,320	5.1	2.8	-	-
O65	0.1	0.6	-	-	-	-	-	-	-	-	174	1.6	0.4	-	-
F. equiseti															
O19	-	-	-	0.05	-	0.2	0.2	0.2	-	-	-	-	-	-	1,050
O20	-	-	-	-	-	5.8	1.1	-	-	-	-	-	-	-	677
O90	-	-	-	0.5	0.1	0.2	0.2	-	-	-	-	-	-	0.2	765
F. graminearum															
O11	0.6	0.1	1.9	-	-	-	-	-	-	-	5.5	8.7	0.5	-	-
O13	0.2	0.02	0.5	-	-	-	-	-	-	-	6.3	1.0	0.1	-	-
O14	1.7	0.1	4.2	-	-	-	-	-	-	-	437	2.6	0.6	-	-
F. sambucinum															
O88	-	-	-	-	-	0.5	-	0.2	-	1.0	-	-	-	-	-
O89	-	-	-	-	-	3.2	0.6	85.8	16.9	80.8	-	-	-	-	-

TABLE 2 (continued). Mycotoxins[a] (mg/kg) produced by trichothecene producing *Fusarium* spp. isolated from sugar beet in autoclaved rice after four weeks incubation at 22°C

	Type-B trichothecenes					Type-A trichothecenes					ZEA-derivatives			Others	
Isolate	DON	3-ADON	15-ADON	NIV	FUS X	DAS	MAS	NEO	HT-2	T-2	ZEA	β-ZOL	α-ZOL	BEAU	EQUI
F. sporotrihioides															
O87	-	-	-	-	-	0.8	0.3	25.9	14	57.5	-	-	-	-	-
F. venenatum															
O86	0.4	-	-	0.9	0.4	34	11.2	1.0	-	1.6	-	-	-	-	-
LOD (mg/kg)[b]	0.008	0.008	0.12	0.012	0.016	0.0024	0.016	0.012	0.02	0.008	0.016	0.0024	0.008	0.0004	0.12

[a] DON: deoxynivalenol, NIV: nivalenol, 3-ADON: 3-acetyldeoxynivalenol, 15-ADON: 15-acetyldeoxynivalenol, DAS: diacetoxyscirpenol, MAS: monoacetoxyscirpenol, NEO: neosolaniol, HT-2: HT-2 toxin, T-2: T-2 toxin, ZEA: zearalenone, ZOL: zearalenol, BEAU: beauvericin, EQUI: equisetin.

[b] LOD: limit of detection, mycotoxin amounts below the LOD are indicated as "-".

TABLE 3. Mycotoxins[a] (mg/kg) produced by trichothecene non-producing *Fusarium* spp. isolated from sugar beet in autoclaved rice after four weeks incubation at 22°C

	Fumonisins			Cyclohexadepsipeptides						Others		
Isolate	FB1	FB2	FB3	BEAU	ENNI	ENNI A1	ENNI B	ENNI B1	ENNI B2	MON	2-AOD-3-ol	AVENA Y
F. avenaceum												
O84	-	-	-	-	21.1	385	3,000	2,400	78.8	700	3,090	4,790
F. oxysporum												
O38	-	-	-	73.2	1,300	624	6.9	118	0.5	0.5	-	-
O40	-	-	-	40	37.4	29.1	0.8	9.4	0.02	3.8	-	-
F. pproliferatum												
O83	6.1	1.4	5.2	0.3	-	-	-	-	-	2.2	-	-
F. redolens												
O1	-	-	-	163	13.7	12.1	0.5	3.5	0.01	-	-	-
O4	-	-	-	17.3	2.2	1.0	0.01	0.1	-	-	-	-
O8	-	-	-	50.2	0.8	1.3	0.1	0.3	0.01	0.2	-	-
O37	-	-	-	83.2	0.6	0.3	0.2	0.6	0.1	0.8	-	-
O52	-	-	-	1,120	-	-	-	-	-	47.9	-	-
O54	-	-	-	1,580	17.4	15.8	1.1	6.3	0.03	76.4	-	-
O55	-	-	-	624	-	-	-	-	-	36.1	-	-
O57	-	-	-	948	-	-	-	-	-	17.7	-	-
F. solani												
O85	-	-	-	0.01	0.01	0.01	-	-	-	-	-	-

TABLE 3 (continued). Mycotoxins[a] (mg/kg) produced by trichothecene non-producing *Fusarium* spp. isolated from sugar beet in autoclaved rice after four weeks incubation at 22°C

	Fumonisins			Cyclohexadepsipeptides						Others		
Isolate	FB1	FB2	FB3	BEAU	ENNI A	ENNI A1	ENNI B	ENNI B1	ENNI B2	MON	2-AOD-3-ol	AVENA Y
F. tricinctum												
O32	-	-	-	-	190	478	119	400	3.4	1.3	336	-
O35	-	-	-	-	199	880	356	1,090	8.3	1.4	1,160	2,250
O63	-	-	-	-	310	1,350	967	2,340	37.4	4.9	847	397
LOD (mg/kg)[b]	0.064	0.016	0.032	0.0004	0.00024	0.0004	0.00004	0.0005	0.00024	0.016	0.024	0.04

[a] BEAU: beauvericin, ENNI: enniatin, MON: moniliformin, 2-AOD-3-ol: 2-amino-14,16-dimethyloctadecan-3-ol, AVENA Y: avenacein Y.
[b] LOD: limit of detection, mycotoxin amounts below the LOD are indicated as "-".

The alternating frequencies of *F. redolens* on the one hand and *F. culmorum*, *F. cerealis*, and *F. graminearum*, in freshly-harvested and pile-stored beets, can be explained by saprotrophic colonization via injuries caused during harvest. The same species shift was also observed in beets stored under controlled conditions, supporting the hypothesis that the adhering soil is the main inoculum source for postharvest *Fusarium* infection in sugar beet. Injuries (chopping of crown and other mechanical damages) seem to facilitate the entrance so much so that even under conditions unfavorable to the fungi (4°C) intense colonization can take place. External factors (e.g. air dispersal of spores, rain, and temperature) do not appear to be crucial for *Fusarium* infection after the beets were harvested.

No increase of the infection rate was observed during storage time, so it has to be questioned if the detected species shift was due to a change in spatial distribution within the beet or to suppression by better competitiveness. However, it must be considered that a complete spatial analysis of the whole sugar beet tissue is not affordable. Therefore the infection rate of the beets examined was presumably much higher than the detected 3.8-37.5%; unequal distribution of fungal structures might have led to missing isolation. *Fusarium* interaction is poorly understood, even for FHB pathogens, and strongly depends on interacting species and environment (60,61). Future competition assays should investigate possible antagonistic effects in sugar beet.

Although the infection pathway of *Fusarium* spp. in sugar beet remains unclear, the results of the pathogenicity test clearly demonstrated fungal development within the host. Re-isolation of all inoculated species from beets with or without root symptoms was possible, suggesting a systemic infection from taproot or lateral roots with inter- or intracellular growth. Under these experimental conditions, only isolates of *F. sambucinum* and *F. graminearum* caused damage comparable to the pathogenic *F. oxysporum* f.sp. *betae* strain from Oregon, USA. While *F. graminearum* has been described before to cause *Fusarium* yellows in sugar beet (22),

F. sambucinum is more familiar as potato pathogen, causing potato dry rot (8). This study is the first report of *F. sambucinum* isolated from sugar beet.

Fusarium spp. are frequently isolated from sugar beets displaying root rot symptoms in the field (29,39,51). However, not all *Fusarium* strains isolated from plants are pathogenic. Occurrence of endophytic *Fusarium* spp. has been described for various crops including maize and weed beet (32). In the present study it was clearly demonstrated that *Fusarium* spp. can be present in apparently healthy sugar beet, as none of the freshly-harvested beets had visible disease symptoms. Therefore, not all isolates of *Fusarium* from rotted beet tissue are necessarily the causal agents of the disease. They might also be co-inhabiting endophytes, which means that the application of standardized greenhouse tests is mandatory for the evaluation of pathogenicity. Nevertheless, the distinction between endophytes and phytopathogens is fluid (46). Under stress conditions and/or predisposing damages, for example by nematodes, endophytes may become pathogens.

The influence of crop rotation on the level of infection and *Fusarium* species composition in sugar beet is unknown. The locations studied here have a history of wheat-sugar beet based crop rotations for decades. It has to be assumed that a *Fusarium* population typical for these crops has been established because of the longevity of fungal propagules (36,47). On the other hand, the impact of sugar beet residues on crop rotation must also be considered. Most of the species isolated are known to be major or minor components of the FHB-complex in Europe (7). Burlakoti et al. (9,10,11) demonstrated that *F. graminearum* isolates collected from potato and sugar beet were able to cause typical FHB-symptoms and characteristic mycotoxin contamination in wheat. For the evaluation of sugar beet residues as a potential inoculum source for the succeeding wheat culture, it is essential to investigate if this cross-pathogenicity can also be found for other species frequently isolated.

Only a few studies are available referring to mycotoxin contamination in sugar beet. Production of ZEA was reported to be ten times higher in rice cultures (0.7-1.9 mg/kg) than in incubated sugar beet slices, which indicated a lower production in planta (6). On the other hand, ZEA was found in concentrations up to 4.65 mg/kg in sugar beet fibers and sugar beet based feeds (5,48). Before implementing an expensive and time-consuming screening for mycotoxins in sugar beet and sugar beet products, the first approach was to identify the predominant toxins. A wide range of secondary metabolites was found in rice cultures of the 13 *Fusarium* spp. isolated from sugar beet. Except for a few new observations, the mycotoxin profiles did not differ significantly when compared to isolates from other hosts (14) and are in common with previous studies.

Although rice is commonly accepted as a standard medium for mycotoxin production, it is still a natural substrate; mycotoxin background contamination cannot be excluded. Especially for amounts just above the LOD it is difficult to distinguish between fungal production and background contamination. This most probably explains the traces of 3-ADON detected in a culture of *F. redolens* as well as the traces of ENNI in several cultures including *F. cerealis*, *F. culmorum*, and *F. solani*. It is most likely that *F. solani* did not produce any of the toxins tested.

The amounts of ZEA and its derivatives detected in cultures of *F. culmorum*, *F. cerealis*, and *F. graminearum* are consistent with other reports (11,19), but nearly all isolates of *F. cerealis*, *F. culmorum*, and *F. graminearum* tested, produced only low quantities of DON and NIV, respectively, in vitro. DON as well as NIV and FUS X were detected in cultures of *F. culmorum* (O29, O64) and *F. venenatum*. Co-production of NIV and DON has been reported for several strains of *F. graminearum* (13,30,53) and *F. culmorum* (37). Interestingly, *F. venenatum* as well as *F. equiseti* revealed production of both type A- and B-trichothecenes. Current understanding of the trichothecene biosynthetic pathway in *Fusarium* indicates that also co-production of scirpenol, NIV, and DON derivatives is possible (14). Regardless, the *F. venenatum* isolate exhibited a very interesting mycotoxin profile as also low amounts of BEAU were detected. This result was confirmed by an independent repetition of a separately grown culture (data not shown).

F. tricinctum and *F. avenaceum*, two closely related species (56,57) shared a similar mycotoxin profile of ENNI, MON, AVENA Y, and 2-AOD-3-ol production. The latter has only recently been discovered from *F. avenaceum* cultures (58). Although structurally belonging to the sphingosine analogues like the fumonisins, the first in vitro tests revealed cytotoxic but non ceramide synthase inhibiting properties of 2-AOD-3-ol (59).

F. redolens, in older publications sometimes referred to as *F. oxysporum* var. *redolens*, was applied for the first time in a comprehensive mycotoxin profiling. Some strains of *F. redolens* have been reported to produce FB_1, FB_2, and FB_3 (1), but none of the isolates tested in this study produced amounts of these toxins above the LOD. Based on the observation that *F. redolens* was the predominate species in freshly-harvested, apparently healthy beets, the low pathogenic potential and the ability of this species to produce BEAU, MON, and ENNI in high concentrations in vitro, a possible mutualistic effect can be hypothesized. BEAU and ENNI are known to have insecticidal, anthelminthic and antibiotic functions (15,20,21,27,28,52). The natural occurrence of these *Fusarium* mycotoxins in sugar beet has yet to be determined, but if these toxins are produced in efficacious amounts in vivo, there might be an advantage for the host to have endophytic colonization by this species.

Regarding the *Fusarium* species composition detected in sugar beet in this study, large amounts of trichothecenes and ZEA are not to be expected in freshly-harvested and apparently healthy looking beets. Species capable to produce DON and ZEA gain importance with increasing storage duration. Therefore saprotrophic colonization during storage might explain the high amounts of ZEA observed in previous studies (5,48). For a reliable analysis and risk assessment of a potential mycotoxin contamination in sugar beet it is essential to use representative samples with background information of agricultural practice including crop rotation and soil tillage, as well as storage conditions and duration.

The results of this study demonstrated that a large number of *Fusarium spp.* could colonize sugar beets in the field and during storage. *Fusarium* spp. were also detected in asymptomatic, apparently healthy beets, which suggests endophytic colonization. This is supported by the low pathogenic potential of most species, apart from *F. graminearum* and *F. sambucinum*, when tested in the greenhouse. The different species composition observed in freshly-harvested and stored beets indicates a species shift due to saprotrophic colonization most probably via injuries caused during harvest. Further studies are necessary to investigate the role of endophytic and saprotrophic *Fusarium* infection on sugar beet culture and mycotoxin contamination. Effects of single factors like damages due to harvest technology, variety, and storage conditions need to be determined in order to develop recommendations for sugar beet growers. The influence of crop rotation on the level of infection and *Fusarium* species composition in sugar beet, as well as the influence of sugar beet residues on succeeding crops also needs to be evaluated. Due to the multitude of mycotoxins produced in vitro, and the high incidence of species producing BEAU, ENNI, and MON, an extensive screening is required in order to examine the impact of mycotoxins in practice. Target toxins for future mycotoxin analysis of sugar beets and sugar beet products should at least include type B-trichothecenes, ZEA, BEAU, ENNI, and MON.

ACKNOWLEDGMENTS

This work is part of the FAEN Joint Project 3 "Quality-related plant production under modified basic conditions: Mycotoxins in the context of production, quality, and processing'' and was financed by the Ministry of Science and Culture of Lower Saxony, Germany. We thank G. Secor for critical reading of the manuscript.

LITERATURE CITED

1. Abbas, H. K., Ocamb, C. M., Xie, W. P., Mirocha, C. J., and Shier, W. 1995. First report of fumonisin B1, B2, and B3 produced by *Fusarium oxysporum* var. *redolens*. Plant Dis. 79:968.

2. Altschul, S. F., Madden, T. L., Schäffer, A. A., Zhang, J., Zhang, Z., Miller, W., and Lipman, D. J. 1997. Gapped BLAST and PSI-BLAST: A new generation of protein database search programs. Nucleic Acids Res. 25:3389-3402.

3. Bacon, C. W., Glenn, A. E., and Yates, I. E. 2008. *Fusarium verticillioides*: Managing the endophytic association with maize for reduced fumonisins accumulation. Toxin Rev. 27:411-446.

4. Booth, C. 1971. The genus *Fusarium*. Commonwealth Mycological Institute, Kew, U.K.

5. Bosch, U., and Mirocha, C. J. 1992. Toxin production by *Fusarium* species from sugar beets and natural occurrence of zearalenone in beets and beet fibers. Appl. Environ. Microbiol. 58:3233-3239.

6. Bosch, U., Mirocha, C. J., and Wen, Y. 1992. Production of zearalenone, moniliformin and trichothecenes in intact sugar beets under laboratory conditions. Mycopathologia 119:167-173.

7. Bottalico, A. 1998. *Fusarium* diseases of cereals: Species complex and related mycotoxin profiles, in Europe. J. Plant Pathol. 80:85-103.

8. Boyd, A. E. W. 1972. Potato storage diseases. Rev. Plant Pathol. 51:297-321.

9. Burlakoti, R. R., Estrada, R., Jr., Rivera, V. V., Boddeda, A., Secor, G. A., and Adhikari, T. B. 2007. Real-time PCR quantification and mycotoxin production of *Fusarium graminearum* in wheat inoculated with isolates collected from potato, sugar beet and wheat. Phytopathology 97:835-841.

10. Burlakoti, R. R., Ali, S., Secor, G. A., Neate, S. M., McMullen, M. P., and Adhikari, T. B. 2008. Genetic relationships among populations of *Gibberella zeae* from barley, wheat, potato, and sugar beet in the upper Midwest of the United States. Phytopathology 98:969-976.
11. Burlakoti, R. R., Ali, S., Secor, G. A., Neate, S. M., McMullen, M. P., and Adhikari, T. B. 2008. Comparative mycotoxin profiles of *Gibberella zeae* populations from barley, wheat, potatoes, and sugar beets. Appl. Environ. Microbiol. 74:6513-6520.
12. Christensen, C. M., and Kaufmann, H. H. 1969. Grain storage: The role of fungi in quality loss. University of Minnesota Press, Minneapolis, MN.
13. Desjardins, A. E., Jarosz, A. M., Plattner, R. D., Alexander, N. J., Brown, D. W., and Jurgenson, J. E. 2004. Patterns of trichothecene production, genetic variability, and virulence to wheat of *Fusarium graminearum* from smallholder farms in Nepal. J. Agric. Food Chem. 52:6341-6346.
14. Desjardins, A. E. 2006. *Fusarium* mycotoxins: chemistry, genetics and biology. APS Press, St. Paul, MN.
15. Gäumann, E., Roth, S., Ettlinger, L., Plattner, P. A., and Nager, U. 1947. Enniatin, ein neues, gegen Mykobakterien wirksames Antibiotikum. Cell. Mol. Life Sci. 3:202-203.
16. Gerlach, W. 1961. *Fusarium redolens* Wr., seine Morphologie und systematische Stellung. Ein Beitrag zur Kenntnis der Elegans-Fusarien. Phytopathol. Z. 42:150-160.
17. Gerlach, W., and Nirenberg, H. I. 1982. The genus *Fusarium* – a pictorial atlas. Mitt. Biol. Bundes. Land- Forst. (Berlin - Dahlem) 209:1-406.
18. Gerlach, W., and Pag, H. 1961. *Fusarium redolens* Wr., seine phytopathologische Bedeutung und eine an *Dianthus*-Arten gefäßparasitäre Form (*F. redolens* Wr. f. *dianthi* Gerlach). Phytopathol. Z. 42:349-361.

19. Greenhalgh, R., Neish, G. A., and Miller, J. D. 1983. Deoxynivalenol, acetyl deoxynivalenol, and zearalenone formation by Canadian isolates of *Fusarium graminearum* on solid substrates. Appl. Environ. Microbiol. 46:625-629.

20. Grove, J. F., and Pople, M. 1980. The insecticidal activity of beauvericin and the enniatin complex. Mycopathologia 70:103-105.

21. Gupta, S., Krasnoff, S. B., Underwood, N. L., Renwick, J. A. A., and Roberts, D. W. 1991. Isolation of beauvericin as an insect toxin from *Fusarium semitectum* and *Fusarium moniliforme* var. *subglutinans*. Mycopathologia 115:185-189.

22. Hanson, L. E., and Hill, A. L. 2004. *Fusarium* species causing *Fusarium* yellows of sugarbeet. J. Sugar Beet Res. 41:163-178.

23. Hanson, L. E., Hill, A. L., Jacobsen, B. J., and Panella, L. W. 2009. Response of sugar beet lines to different *Fusarium oxysporum* f. sp. *betae* isolates from the United States. J. Sugar Beet Res. 46:11-26.

24. Hanson, L. E., and Jacobsen, B. J. 2009. *Fusarium* Yellows. Pages 28-29 in: Compendium of Beet Diseases and Pests, 2nd ed. R. M. Harveson, L. E. Hanson, and G. L. Hein, eds. APS Press, St. Paul, MN.

25. Harveson, R. M., and Rush, C. M. 1998. Characterization of *Fusarium* root rot isolates from sugar beet by growth and virulence at different temperatures and irrigation regimes. Plant Dis. 82:1039-1042.

26. Jaggard, K. W., Clark, C. J. A., May, M. J., McCullagh, S., and Draycott, A. P. 1997. Changes in the weight and quality of sugarbeet (*Beta vulgaris*) roots in storage clamps on farms. J. Agri. Sci. 129:287-301.

27. Jeschke, P., Benet-Buchholz, J., Harder, A., Etzel, W., Schindler, M., and Thielking G. 2003. Synthesis and anthelmintic activity of cyclohexadepsipeptides with (S,S,S,R,S,R)-configuration. Bioorg. Medicinal Chem. Lett. 13:3285-3288.

28. Jestoi, M. 2008. Emerging *Fusarium*-mycotoxins fusaproliferin, beauvericin, enniatins, and moniliformin – A review. Crit. Rev. Food Sci. Nutr. 48:21-49.
29. Karadimos, D. A., and Karaoglanidis, G. S. 2006. Survey of root rot diseases of sugar beet in Central Greece. Proc. Nat. Sci., Matica Srpska Novi Sad. 110:129-131.
30. Kim, H.-S., Lee, T., Dawlatana, M., Yun, S.-H., and Lee, Y.-W. 2003. Polymorphism of trichothecene biosynthesis genes in deoxynivalenol- and nivalenol-producing *Fusarium graminearum* isolates. Mycol. Res. 107:190-197.
31. Kistler, H. C. 1997. Genetic diversity in the plant-pathogenic fungus *Fusarium oxysporum*. Phytopathology 87:474-479.
32. Kuldau, G. A., and Yates, I. A. 2000. Evidence for *Fusarium* endophytes in cultivated and wild plants. Pages 85-120 in Microbial endophytes. C. W. Bacon, and J. F. White Jr., eds., Marcel Dekker, New York.
33. Leonard, K. J., and Bushnell, W. R. (eds.) 2003. *Fusarium* head blight of wheat and barley. APS Press, St. Paul, MN.
34. Leslie, J. F., and Summerell, B. A. 2006. The *Fusarium* laboratory manual. Blackwell, Oxford.
35. Logrieco, A., Mulè, G., Moretti, A., and Bottalico, A. 2002. Toxigenic *Fusarium* species and mycotoxins associated with maize ear rot in Europe. Eur. J. Plant Pathol. 108:597–609.
36. McKeen, C. D., and Wensley, R. N. 1961. Longevity of *Fusarium oxysporum* in soil tube culture. Science 134:1528-1529.
37. Muthomi, J. W., Schütze, A., Dehne, H.-W., Mutitu, E. W., and Oerke, E.-C. 2000. Characterization of *Fusarium culmorum* isolates by mycotoxin production and aggressiveness to winter wheat. J. Plant. Dis. Protect. 107:113-123.

38. Nirenberg, H. 1976. Untersuchungen über die morphologische und biologische Differenzierung in der Fusarium-Sektion *Liseola*. Mitt. Biol. Bundesanst. Land-Forstwirtsch. 169:1-117.

39. Nitschke, E., Nihlgard, M., and Varrelmann, M. 2009. Differentiation of eleven *Fusarium* spp. isolated from sugar beet, applying restriction fragment analysis of polymerase chain reaction–amplified translation elongation factor 1α gene fragment. Phytopathology 99:921-929.

40. O'Donnell, K., Kistler, H. C., Cigelnik, E., and Ploetz, R. C. 1998. Multiple evolutionary origins of the fungus causing Panama disease of banana: Concordant evidence from nuclear and mitochondrial gene genealogies. Proc. Natl. Acad. Sci. USA 95:2044-2049.

41. Parry, D. W., Jenkinson, P., and McLeod, L. 1995. *Fusarium* ear blight (scab) in small grain cereals - A review. Plant Pathol. 44:207-238.

42. Rai, R. P. 1981. *Fusarium redolens* Wollenw. - A new pathogen of potato. Curr. Sci. 50:379-380.

43. Rieckmann, W., and Steck, U. 1995. Krankheiten und Schädlinge der Zuckerrübe. Verlag Th. Mann, Gelsenkirchen.

44. Ruysschaert, G., Poesen, J., Verstraeten, G., and Govers, G. 2005. Interannual variation of soil losses due to sugar beet harvesting in West Europe. Agric. Ecosyst. Environ. 107:317-329.

45. Schneider, J. H. M., and Musters van Oorschot, P. M. S. 2008. Some characteristics of *Fusarium* species occurring in sugar beet in the Netherlands. J. Plant Pathol. (Abstr.) 90(suppl.):S3.88.

46. Schulz, B., and Boyle, C. 2005. The endophytic continuum. Mycol. Res. 109:661-686.

47. Sitton, J. W., and Cook, R. J. 1981. Comparative morphology and survival of chlamydospores of *Fusarium roseum* 'Culmorum' and 'Graminearum'. Phytopathology 71:85-90.

48. Skrinjar, M., Stubblefield, R. D., Stojanovic, E., and Dimic, G. 1995. Occurrence of *Fusarium* species and zearalenone in dairy cattle feeds in Vojvodina. Acta Vet. Hung. 43:259-267.

49. Starkey, D. E., Ward, T. J., Aoki, T., Gale, L. R., Kistler, H. C., Geiser, D. M., Suga, H., Toth, B., Varga, J., and O'Donnell, K. 2007. Global molecular surveillance reveals novel *Fusarium* head blight species and trichothecene toxin diversity. Fungal Genet. Biol. 44:1191-1204.

50. Stewart, D. 1931. Sugar beet yellows caused by *F. conglutinans* var. *betae*. Phytopathology 21:59-70.

51. Stojšin, V. B., Mariã, A. A., Jasniã, S. M., Bagi, F. F., and Marinkoviã, B. J. 2006. Root rot of sugar beet in the Vojvodina province. Proc. Nat. Sci., Matica Srpska Novi Sad 110:65-74.

52. Strongman, D. B., Strunz, G. M., Giguère, P., Yu, C.-M., and Calhoun, L. 1988. Enniatins from *Fusarium avenaceum* isolated from balsam fir foliage and their toxicity to spruce budworm larvae, *Choristoneura fumiferana* (Clem.) (Lepidoptera: Tortricidae). J. Chem. Ecol. 14:753-764.

53. Sugiura, Y., Watanabe, Y., Tanaka, T., Yamamoto, S., and Ueno, Y. 1990. Occurrence of *Gibberella zeae* strains that produce both nivalenol and deoxynivalenol. Appl. Environ. Microbiol. 56:3047-3051.

54. Sulyok, M., Berthiller, F., Krska, R., and Schuhmacher, R. 2006. Development and validation of a liquid chromatography/tandem mass spectrometric method for the determination of 39 mycotoxins in wheat and maize. Rapid Commun. Mass Spectrom. 20:2649-2659.

55. Sulyok, M., Krska, R., and Schuhmacher, R. 2007. A liquid chromatography/tandem mass spectrometric multi-mycotoxin method for the quantification of 87 analytes and its application to semi-quantitative screening of moldy food samples. Anal. Bioanal. Chem. 389:1505-1523.

56. Tan, M. K., and Niessen, L. M. 2003. Analysis of rDNA ITS sequences to determine genetic relationships among, and provide a basis for simplified diagnosis of, *Fusarium* species causing crown rot and head blight of cereals. Mycol. Res. 107:811-821.

57. Turner, A. S., Lees, A. K., Rezanoor, H. N., and Nicholson, P. 1998. Refinement of PCR-detection of *Fusarium avenaceum* and evidence from DNA marker studies for phenetic relatedness to *Fusarium tricinctum*. Plant Pathol. 47:278-288.

58. Uhlig, S., Petersen, D., Fļåøyen, A., and Wilkins, A. 2005. 2-Amino-14,16-dimethyloctadecan-3-ol, a new sphingosine analogue toxin in the fungal genus *Fusarium*. Toxicon 46:513-522.

59. Uhlig, S., Ivanova, L., Bernhoft, A., and Eriksen, G. S. 2008. 2-Amino-14,16-dimethyloctadecan-3-ol: in vitro bioactivity and bio-production by the fungus *Fusarium avenaceum*. World Mycotoxin J. 1:49-58.

60. Xu, X.-M., Monger, W., Ritieni, A., and Nicholson, P. 2007. Effect of temperature and duration of wetness during initial infection periods on disease development, fungal biomass and mycotoxin concentrations on wheat inoculated with single, or combinations of, *Fusarium* species. Plant Pathol. 56:943-956.

61. Xu, X.-M., and Nicholson, P. 2009. Community ecology of fungal pathogens causing wheat head blight. Annu. Rev. Phytopathol. 47:83-103.

62. Zhang, N., O'Donnell, K., Sutton, D. A., Nalim, F. A., Summerbell, R. C., Padhye, A. A., and Geiser, D. M. 2006. Members of the *Fusarium solani* species complex that cause infections in both humans and plants are common in the environment. J. Clin. Microbiol. 44: 2186-2190.

4. Manuskript 2: Pathogenicity, Symptom Development, and Mycotoxin Formation in Wheat by *Fusarium* Species Frequently Isolated from Sugar Beet

Daniela S. Christ*, Ruben Gödecke#, Andreas von Tiedemann# and Mark Varrelmann*[1]

* Institute of Sugar Beet Research, Holtenser Landstr. 77, 37079 Goettingen, Germany

Division of Plant Pathology and Crop Protection, Department of Crop Sciences, University of Göttingen, Grisebachstr. 6, 37077 Göttingen, Germany

Manuscript submitted to Phytopathology

ABSTRACT

Crop rotations with putative non-host crops like sugar beet are often recommended to reduce Fusarium head blight (FHB) in cereals. However, recent observations have shown pathogenic, endophytic, and saprotrophic colonization of sugar beet with various *Fusarium* species. Therefore, strains of seven species frequently isolated from sugar beet were tested for pathogenicity on wheat. Species-specific symptoms on heads and kernels were evaluated and the grains were analyzed for 17 mycotoxins with LC-MS/MS. *F. graminearum*, *F. culmorum*, and *F. cerealis* from sugar beet caused typical FHB symptoms and mycotoxin contamination with deoxynivalenol and nivalenol, while a high incidence of black point was observed in heads inoculated with *F. tricinctum* or *F. equiseti*. Black point kernels revealed 3.4 to 14.5 times higher mycotoxin concentrations than symptomless grains, containing up to 38,000 µg/kg enniatin B1, 4,900 µg/kg moniliformin, and 5,500 µg/kg 2-amino-14,16-dimethyloctadecan-3-ol, as well as 2,600 µg/kg monoacetoxyscirpenol, and 3,800 µg/kg nivalenol. Monitoring of these latter two species in the field is hampered by the lack of typical head symptoms after infection. In further experiments, the impact of sugar beet residues on FHB severity and the correlation between mycotoxin contamination of cereal lots and the amount of black point have to be evaluated.

[1] Corresponding author: M. Varrelmann. E-mail address: varrelmann@ifz-goettingen.de

Fusarium head blight (FHB) has become one of the most important fungal diseases of small grain cereals worldwide. Losses of about three billion dollars due to reduction in yield and quality have been estimated in wheat and barley solely in the U.S.A. during the 1990s (63). In addition, the contamination of cereal-based food and feed with various mycotoxins affecting human and animal health is of great concern. Some countries have decided maximum levels for the occurrence of mycotoxins in unprocessed and processed cereal products intended for human consumption. In the European Union, such maximum levels are in effect for deoxynivalenol (DON), zearalenone (ZEA), and fumonisins (2). While fumonisins are considered to be potentially carcinogenic, DON, like other trichothecenes, is a strong inhibitor of protein biosynthesis in mammals and affects the gastrointestinal tract. In contrast, ZEA binds to the estrogen receptors and interferes with the endocrine system (5).

The main causal agent of FHB in Central Europe and the U.S. is *Fusarium graminearum* (teleomorph *Gibberella zeae*), a potent producer of DON and ZEA (8,48). The typical symptoms include partial or complete bleaching of the ear ("white heads") and the occurrence of shriveled and discolored ("scabby") kernels. Nevertheless, the symptoms and mycotoxins produced can be much more diverse, depending on the infecting species. Up to 17 *Fusarium* spp. have been isolated from diseased wheat heads, which are categorized as being more or less significant species of the FHB complex (9,48,64). However, not all of them are able to cause disease symptoms when inoculated under controlled conditions (52,61).

Fusarium infection and mycotoxin contamination of wheat is linked with environmental conditions and agricultural practices. Weather conditions (i.e. temperature, humidity, rainfall) prior to anthesis and from flowering through the soft dough stage are crucial for inoculum production and head infection (19,64). Crop rotation, tillage, growth of resistant varieties, and fungicide application play a major role in FHB management (20). Crop residues on the soil surface have been shown to be the main inoculum source (36,42,51). While small-grain cereals pose a medium risk, maize is supposed to be the worst preceding crop to wheat with regard to FHB severity and DON contamination (18,56). As a result, crop rotations with so-called non-host crops, like sugar beet, potatoes or vegetables, have been recommended to reduce inoculum density (1).

However, recent observations have challenged this beneficial impact of sugar beet since pathogenic, endophytic as well as saprotrophic colonization of sugar beet with typical FHB pathogens like *F. graminearum*, *F. culmorum*, *F. cerealis*, and *F. avenaceum* has been detected during growth and storage (7,14,28,29). In some years and regions of Germany and Switzerland, an increased incidence of *F. culmorum* (38) and *F. graminearum* (30) was detected in wheat grown after sugar beet. In a crop rotation trial in Germany, the DON content of wheat succeeding sugar beet or potatoes was twice as high as the DON content of wheat following wheat or barley (47). Greenhouse inoculations revealed that *F. graminearum* strains isolated from sugar beet and potatoes were also pathogenic on wheat and caused comparable mycotoxin profiles and amounts as strains isolated from wheat (10,12). *Fusarium* spp. colonizing sugar beet are more or less as numerous as the species occurring in wheat. A total of thirteen different *Fusarium* spp. have been isolated from freshly harvested and stored sugar beet in Lower Saxony, Germany (14). However, except for *F. graminearum*, the pathogenicity of sugar-beet-derived *Fusarium* spp. on wheat has not yet been determined.

The purposes of this study were (i) to determine the pathogenicity on wheat of the seven most frequently isolated *Fusarium* spp. from sugar beet, (ii) to identify species-specific symptom development and mycotoxin production in wheat, and (iii) to examine a possible association between mycotoxin contents and the observed black point symptoms caused by *F. equiseti* and *F. tricinctum*.

MATERIAL AND METHODS

Fungal isolates and inoculum preparation. Single spore isolates of the seven most frequently isolated *Fusarium* spp. from sugar beet, as described in a previous study (14), were used for the inoculation of wheat heads: *F. cerealis* strain no. O45 (DSM23356), *F. culmorum* O29 (DSM23354), *F. equiseti* O19 (DSM23353), *F. graminearum* O14 (DSM23352), *F. oxysporum* O38 (DSM23355), *F. redolens* O1 (DSM23351), and *F. tricinctum* O63 (DSM23357). The strains were previously characterized for their pathogenicity to sugar beet and their mycotoxin profiles on autoclaved rice grains (14), and had been deposited at the German Collection of Microorganisms and Cell Cultures (DSMZ), Braunschweig, Germany. As reference strain for the evaluation of pathogenicity and aggressiveness, a *F. graminearum* strain (Fg142) from wheat, which had caused severe FHB symptoms in previous experiments (unpublished data), was used. The strains were maintained as conidia suspensions in 15% (v/v) glycerol at -80°C. Prior to use, the strains were subcultured on potato dextrose agar (PDA) at 22°C in the dark. For the inoculum preparation, Erlenmeyer flasks containing water and 2% (w/v) wheat straw were autoclaved twice and inoculated with two plugs of an actively growing culture on PDA (7-10 days old). After 14 days, the spore suspensions were filtered through two layers of cheesecloth and the spore concentrations were adjusted with sterile tap water to 2.5×10^5 spores per ml with 0.2% Tween 20. No distinction was made between macro- and microconidia.

Plant material. *Fusarium*-susceptible red hard spring wheat cultivar 'Kadrilj' (SW Seed, Svalöf, Sweden) was sown in 9×9 cm pots filled with standard potting mixture (sand, potting soil and steamed compost in a ratio of 3:12:4) in the greenhouse. All secondary shoots were removed in order to obtain equally developed plants with one tiller each per pot. A total of eighty plants were inoculated per treatment and randomly subdivided in four subsets with 20 plants each for kernel examination; however, plants displaying deformed or short ears were excluded. The plants were fertilized weekly with ammonium nitrate (containing 27% total nitrogen) from the beginning of stem elongation to the dough stage and kept at 20/14°C (day/night) with a photoperiod of 16 h and an average humidity of 50%.

Pathogenicity assay and postharvest examination of kernels. At anthesis when half of the anthers were extruded, the wheat heads were inoculated individually by spraying the spore suspension with a hand atomizer to the point of runoff. Heads sprayed with sterile distilled water were used as negative controls. After inoculation, the heads were covered with transparent polyethylene bags to maintain 100% humidity for 48 h. The heads were visually scored for symptoms on husks and rachis on a daily basis. The symptoms caused by the different *Fusarium* spp. varied widely; however, in order to assess pathogenicity, each affected spikelet showing a single brown spot or complete bleaching was defined as diseased. As the term FHB is normally applied to more severe symptoms, a disease index (DI) was determined. The DI was calculated at 7, 14, and 21 days post inoculation (dpi) according to the following formula:

$$\mathrm{DI}(\%)=\frac{\text{disease severity}}{100}\times\frac{\text{disease incidence}}{100}\times 100$$

Disease severity refers to the percentage of symptom-bearing spikelets per head, while disease incidence represents the percentage of symptom-bearing heads per treatment.

At maturity, the wheat heads were harvested and threshed by hand. The grains of each repetition and treatment were scored for kernel symptoms. All shriveled, moldy or white and red discolored kernels were considered as scabby, while black point was defined according to Hanson and Christensen (27) as a dark discoloration normally restricted to the embryo and adjacent areas, sometimes extending to the crease. Subsequently, the grains were used for re-isolation and mycotoxin analysis.

For the fungal re-isolation, 25 kernels per treatment were surface sterilized with 1.5% sodium hypochlorite for 2 min, rinsed three times in sterile distilled water and blotted dry on sterile filter paper. The kernels were placed on PDA and incubated at 22°C under normal daylight conditions for ten days. Species identification was based on morphological traits on synthetic nutrient agar (SNA) cultured at 25°C in the dark (24,37,46). The fungal isolates were compared with the originally inoculated strains.

Mycotoxin analysis. Because of low seed set in some treatments, grains from two subsets each were pooled and ground with a centrifugal mill (ZM 200, Retsch, Haan, Germany) to a fine flour. The samples were stored at -20°C until analysis at the Center for Analytical Chemistry, Department for Agrobiotechnology (IFA, Tulln, Austria), following an LC-MS/MS-based method which has been described previously (54,55). The amounts of mycotoxins given in Table 2 are the means of the two independent results. All of the samples were tested for DON, DON-3-glucoside, 3- and 15-acetyldeoxynivalenol (ADON), nivalenol (NIV), fusarenon X (FUS X; syn. 4-acetylnivalenol), diacetoxyscirpenol (DAS), monoacetoxyscirpenol (MAS), zearalenone (ZEA), aurofusarin (AURO), beauvericin (BEAU), enniatins (ENNI) A, A1, B, B1, and B2, as well as moniliformin (MON), equisetin (EQUI), 2-amino-14,16-dimethyloctadecan-3-ol (2-AOD-3-ol), and avenacein Y (AVENA Y). The external calibration was performed with a liquid multi-toxin standard. A blank sample was spiked at one concentration level in triplicate. When the recovery was out of range (100 ± 10%), the results were corrected. The limit of detection (LOD) was calculated for each of the toxins.

Mycotoxin formation in black point kernels infected with *F. equiseti* and *F. tricinctum*. In a separate experiment, the *Fusarium*-susceptible wheat cultivar 'Tybalt' (Saaten Union, Leopoldshöhe, Germany) was spray inoculated on the heads with a mixture of three isolates each of *F. equiseti* (O17, O19, and O90) and *F. tricinctum* (O32, O35, and O63) with a final concentration of 2.5×10^5 spores per ml in order to determine the association between the specific mycotoxin formation and the occurrence of black point. Plant growth conditions, inoculation procedure, and mycotoxin analysis were performed as described above, except for the average humidity in the greenhouse which was 60%. After harvest, the grains were classified into healthy-looking and black point kernels. Mycotoxin analysis of these fractions was restricted to the species-specific mycotoxins detected in the inoculation experiment described above: i.e. NIV, MAS, DAS, and EQUI for *F. equiseti*-infected kernels as well as ENNI A, A1, B, B1, and B2, MON, 2-AOD-3-ol, and AVENA for *F. tricinctum*-infected kernels.

Statistical analysis. All of the experiments were conducted twice to confirm the reproducibility of the results. Single plant scores (n = 77 - 80) were used for comparison of DI at each rating date, while the kernel symptoms were expressed as the percentage of scabby or black point kernels in each of the four independent repetitions. The data analyses were performed with STATISTICA 9 (Stat Soft, Tulsa, Oklahoma/USA). Analysis of variance (ANOVA) and differences among means as determined by Tukey's pair-wise test ($\alpha \leq 0.05$) were used for the differentiation of treatments.

RESULTS

Pathogenicity and symptom development of sugar beet isolates on wheat. Five of the seven *Fusarium* spp. isolated from sugar beet were pathogenic on the spring wheat cv. 'Kadrilj', although the symptoms varied widely between the various species. The overall disease level differed between the two replications of the experiment; however, the species ranking in relation to their aggressiveness remained the same. The disease indices given in Table 1 represent the results of one trial set-up. For all seven species, a constant increase in DI was observed from 7 to 21 dpi. *F. graminearum* from sugar beet proved to be the most aggressive strain in the study, although it did not differ significantly from the *F. graminearum* strain isolated from wheat at 21 dpi. No significant difference between the *F. graminearum* reference strain from wheat and *F. culmorum* was observed (Table 1). The DIs induced by

F. cerealis were generally on a lower level than the DI induced by *F. graminearum* from wheat or sugar beet and *F. culmorum*; however, the symptom development was quite similar.

TABLE 1. Mean disease indices after artificial inoculation of cultivar 'Kadrilj' with seven *Fusarium* spp. isolated from sugar beet compared to a *F. graminearum* reference strain from wheat. Means within columns followed by the same letter are not significantly different (Tukey pair-wise test, α≤ 0.05)

	n	Disease index (%)					
		7dpi		14 dpi		21 dpi	
F. graminearum (wheat)	79	28.76	ab	47.35	a	55.53	ab
F. graminearum	79	30.76	a	50.96	a	61.08	a
F. culmorum	77	31.94	a	43.38	ab	47.23	bc
F. cerealis	77	23.23	b	38.12	b	43.18	c
F. oxysporum	78	0	d	0	d	0	e
F. redolens	79	0	d	0.05	d	0.06	e
F. equiseti	79	8.97	c	15.71	c	17.11	d
F. tricinctum	80	1.13	d	9.69	c	12.16	d
water	80	0	d	0	d	0	e

The most typical symptoms were completely bleached spikelets and the brown discoloration of rachis segments. Ripening was accelerated and typical white heads without any kernel formation were observed in the heads inoculated with *F. graminearum*, independent of the initial host plant. The symptoms caused by *F. cerealis* had less devastating effects than *F. graminearum* as larger parts of the heads stayed green, apart from some discolored spots. The symptoms caused by *F. equiseti* and *F. tricinctum* were much less conspicuous. In most cases, only slight discolorations on the palea and/or lemma were noted, which sometimes became only visible when the florets were twisted (Figure 1). *F. tricinctum* typically induced necroses on the very edge of the glumes in some spikelets (Figure 1) and led to a delayed disease development as the initial symptoms were seldom noted before 10 dpi. After this period, the disease developed fast and the mean DI at 14 dpi was more than eight times higher

Fig. 1. Characteristic symptoms caused by *F. tricinctum* and *F. equiseti* isolated from sugar beet on wheat cv. 'Kadrilj' following spray inoculation. Necrotic edges of glumes were typical symptoms of *F. tricinctum* (A). Apart from that, slight discolorations on palea and lemma, sometimes only visible when twisting glumes or florets, were usually the only sign of infection with *F. equiseti* and *F. tricinctum* (B-D).

than at 7 dpi. Generally, inoculation with *F. equiseti* and *F. tricinctum* resulted in a significantly lower DI compared to *F. graminearum*, *F. culmorum*, and *F. cerealis*. *F. redolens* and *F. oxysporum* did not cause any symptoms differing from the water control (Table 1); however, all the species inoculated were re-isolated from surface-sterilized grains in a range from 84% to 100% (data not shown). The lowest re-isolation rates were obtained for *F. graminearum,* while recovery from *F. redolens* and *F. oxysporum* reached 100%. No fungal growth was observed for the water control.

Kernel symptoms. Similarly, the disease symptoms on the kernels varied greatly, depending on the inoculated species (Figure 2). Besides the expected scabby kernels, typical for FHB, sometimes a dark discoloration of the embryo and adjacent areas was observed and identified as black point. *F. graminearum* from sugar beet caused significantly more scabby kernels (mean 52.9% ± 4.1) than the *F. graminearum* strain from wheat (32.5% ± 4.8). In comparison, *F. culmorum*-inoculated heads displayed a significantly lower incidence of scabby kernels (24.4% ± 2.0). Black point symptoms generally occurred on a lower level than scab and were only sporadically noted for *F. graminearum* and *F. culmorum*. The grains from the ears inoculated with *F. equiseti* and *F. tricinctum* were almost healthy-looking, except for the observation that they displayed the highest incidence of black point kernels with averages of 5.8% (± 0.5) and 6.4% (± 1.5), respectively (Figure 2). *F. cerealis* took an intermediate position as the amount of black point (4.1% ± 0.8) as well as of scabby kernels (18.5% ± 4.2) differed significantly from the water control (Figure 2).

Mycotoxin contamination of grains. Grains inoculated with *F. graminearum*, *F. culmorum*, and *F. cerealis* contained high amounts of trichothecenes, while only traces of ZEA were detected (Table 2). More than twice as much DON was detected in the grains from the heads inoculated with the *F. graminearum* strain from sugar beet compared to the reference strain from wheat. Simultaneously, DON-3-glucoside occurred at a ratio of 10.1% (sugar beet strain) and 14.9% (wheat strain) of the DON concentration. Low amounts of DON-3-glucoside were also detected in the kernels inoculated with the NIV-producing isolates of *F. culmorum* and *F. cerealis*. A simultaneous occurrence of DON and NIV was observed for these strains as well as for the *F. graminearum* strain from sugar beet. However, the production of the "minor" trichothecene in either the DON or NIV chemotypes did not exceed 1.1%. NIV and its derivative FUS X were mainly found in the grains infected with *F. culmorum*, *F. cerealis,* and *F. equiseti* (Table 2). In addition to NIV and the type A

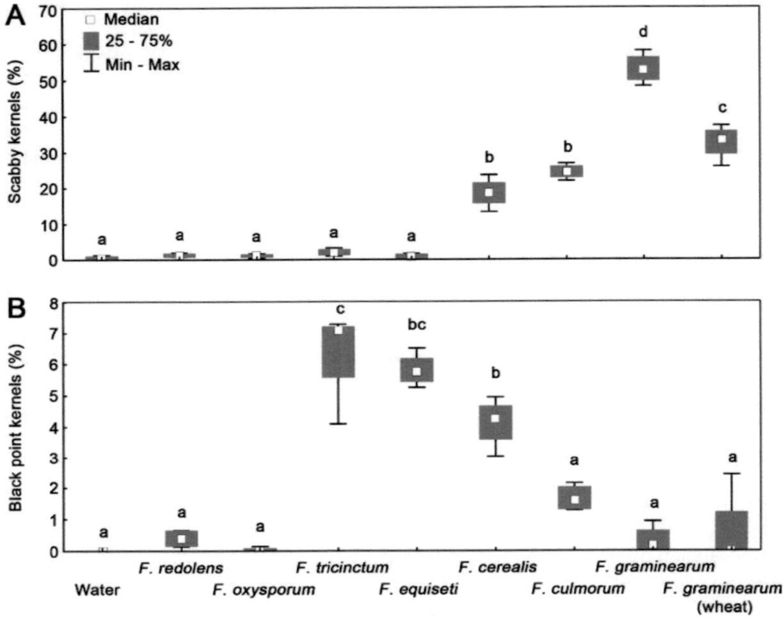

Fig. 2. Percentage of scabby kernels (A) and black point kernels (B) induced in wheat cv. 'Kadrilj' following artificial inoculation with seven *Fusarium* spp. isolated from sugar beet compared to a *F. graminearum* strain from wheat. Medians with non-overlapping letter ranges differed significantly ($\alpha \leq 0.05$, Tukey pair-wise test).

trichothecenes MAS and DAS, high amounts of EQUI were also detected in the *F. equiseti*-infected grains. The grains infected with *F. tricinctum* revealed AURO, MON, 2-AOD-3-ol, and AVENA as well as considerable concentrations of enniatins (Table 2). Enniatins, together with BEAU, were also found in the grains infected with *F. oxysporum* and *F. redolens,* although the amounts were comparatively low (Table 2).

Mycotoxin formation in black point kernels infected with *F. equiseti* and *F. tricinctum*. The symptom development for *F. equiseti* and *F. tricinctum* on cv. 'Tybalt' was the same as described above for the individual strains inoculated on the cv. 'Kadrilj'. However, with

TABLE 2. Mycotoxins[a] detected in grains of wheat cv. 'Kadrilj' after head inoculation with *Fusarium* spp. isolated from sugar beet compared to a *F. graminearum* reference strain from wheat (means of two subsets representing 40 plants each)

	Mycotoxins (µg/kg)[b]									
Species	DON	DON-3-G	3-ADON	15-ADON	NIV	FUS X	MAS	DAS	ZEA	AURO
F. graminearum (wheat)	10,520	1,571	70	116	-	-	-	-	2	487
F. graminearum	22,200	2,241	115	161	11	-	-	-	1	49
F. culmorum	89	17	-	-	8,239	755	-	-	-	1,403
F. cerealis	28	15	-	-	5,670	1,024	-	-	5	450
F. equiseti	-	-	-	-	634	370	78	3	-	-
F. tricinctum	-	-	-	-	-	-	-	-	-	748
F. oxysporum	-	-	-	-	-	-	-	-	-	-
F. redolens	-	-	-	-	-	-	-	-	-	-
LOD (µg/kg)	5	0.5	2	30	5	5	4	0.7	0.5	40

[a] DON: deoxynivalenol, 3-ADON: 3-acetyldeoxynivalenol, 15-ADON: 15-acetyldeoxynivalenol, DON-3-G: deoxynivalenol-3-glucoside, NIV: nivalenol, DAS: diacetoxyscirpenol, MAS: monoacetoxyscirpenol, ZEA: zearalenone, AURO: aurofusarin
[b] values below the level of detection (LOD) are given as "-"

TABLE 2 (continued). Mycotoxins[a] detected in grains of wheat cv. 'Kadrilj' after head inoculation with *Fusarium* ssp. isolated from sugar beet compared to a *F. graminearum* reference strain from wheat (means of two subsets representing 40 plants each)

	Mycotoxins (µg/kg)[b]									
Species	BEAU	ENNI A	ENNI A1	ENNI B	ENNI B1	ENNI B2	MON	2-AOD-3-ol	AVENA	EQUI
F. graminearum (wheat)	-	-	-	-	-	-	-	-	-	-
F. graminearum	-	-	-	-	-	-	-	-	-	-
F. culmorum	TR[c]	-	-	-	-	-	-	-	-	-
F. cerealis	TR	-	-	-	-	-	-	-	-	-
F. equiseti	-	-	-	-	-	-	-	-	-	3,891
F. tricinctum	TR	302	2,576	3,264	4,820	80	1,650	317	630	-
F. oxysporum	9	49	26	TR	7	-	-	-	-	-
F. redolens	40	30	24	3	13	-	-	-	-	-
LOD	0.05	0.1	0.1	0.01	0.2	0.1	20	8	60	16

[a] BEAU: beauvericin, EQUI: equisetin, BEAU: beauvericin, ENNI: enniatin, MON: moniliformin, 2-AOD-3-ol: 2-amino-14,16-dimethyloctadecan-3-ol, AVENA: avenacein Y, EQUI: equisetin
[b] values below the level of detection (LOD) are given as "-"
[c] TR: traces

16.6% (*F. equiseti*) and 38.6% (*F. tricinctum*), the incidence of black point kernels in the cv. 'Tybalt' was higher than in the previous experiment, where not only a different cultivar but also a strain mixture for inoculation was used. The symptomless, apparently healthy kernels from *F. equiseti*- and *F. tricinctum*-infected heads displayed up to 560 µg/kg MAS and 490 µg/kg NIV (Table 3) as well as 6,700 µg/kg ENNI B1 and 470 µg/kg MON (Table 4) in addition to the presence of other toxins in small amounts. The mycotoxin content of the healthy-looking and black point kernels differed by ratios between 3.4 and 14.5 (Tables 3 and 4). The highest increase was observed for 2-AOD-3-ol, with 5,500 µg/kg in the black point kernels. In contrast, AVENA was not detected in healthy-looking kernels (Table 4).

TABLE 3. Comparison of mycotoxin contents in different kernel fractions of wheat cv. 'Tybalt' inoculated with *F. equiseti*

	Mycotoxin content (µg/kg)			
Kernel fraction	NIV	DAS	MAS	EQUI
Healthy-looking kernels	490	7	560	200
Black point kernels	3,800	39	2,600	710
Ratio	7.6	5.4	4.6	3.6

NIV: nivalenol, DAS: diacetoxiscirpenol, MAS: monoacetoxiscirpenol EQUI: equisetin

TABLE 4. Comparison of mycotoxin contents in different kernel fractions of wheat cv. 'Tybalt' inoculated with *F. tricinctum*

	Mycotoxin content (µg/kg)							
Kernel fraction	ENNI A	ENNI A1	ENNI B	ENNI B1	ENNI B2	MON	2-AOD-3-ol	AVENA
Healthy-looking kernels	810	4,000	2,700	6,700	160	470	380	<LOD
Black point kernels	6,200	20,000	9,100	38,000	1,700	4,900	5,500	130
Ratio	7.7	5	3.4	5.7	10.6	10.4	14.5	n.d.

ENNI: enniatin, MON: moniliformin, 2-AOD-3-ol: 2-amino-14,16-dimethyloctadecan-3-ol, AVENA: avenacein Y, LOD: level of detection

DISCUSSION

Apart from *F. graminearum* (10), sugar beet isolates of four additional *Fusarium* spp. proved to be pathogenic on wheat heads. Their aggressiveness decreased in the following order: *F. graminearum* > *F. culmorum* = *F. cerealis* > *F. equiseti* = *F. tricinctum*. *F. oxysporum* and *F. redolens* hardly produced any symptoms under the given environmental conditions. However, all seven *Fusarium* strains isolated from sugar beet were able to penetrate the wheat husks and infect the heads at least endophytically after spray inoculation as re-isolation was possible in high percentages for all of them. Therefore, following inoculation a broad range of *Fusarium* spp. isolated from sugar beet is pathogenic in wheat.

An average of three tons of sugar beet residues (whole beets, removed crowns, and root fragments) per hectare remain in the field with conventionally applied harvesting techniques (26). Regarding the observation that the cereal-pathogenic species *F. culmorum*, *F. cerealis*, and *F. graminearum* prevail in sugar beets subjected to long-term storage (14), the impact of sugar beet residues on FHB infection of the succeeding wheat culture needs to be evaluated. Hypothesizing that these species are also prevalent in sugar beet debris (which is nothing else than long-term stored and injured sugar beet tissue), these residues might provide a potential inoculum source.

The *F. graminearum* strain from sugar beet was the most aggressive one applied in this study, even more aggressive, although not significantly, than the control strain isolated from wheat. This might be due to intraspecific variation and may therefore not be considered as a general conclusion. However, *F. graminearum* from sugar beet and potato also proved to be more aggressive than cereal isolates in a previous study (10). Phylogenetic analyses might help to understand whether these differences in aggressiveness have a genetic base. However, based on ten variable number tandem repeat (VNTR) markers, Burlakoti et al. (11) found no evidence for large genetic variation in *G. zeae* populations isolated from barley, wheat, potato, and sugar beet in the Upper Midwest of the United States. *F. graminearum* is not known for pronounced host specificity (24,43); cereal-pathogenic *Fusarium* isolates have also been obtained from common weeds (32), representing alternative hosts, as well.

The sugar beet strain of *F. graminearum* used in this study led to a DON contamination of grains twice as high as was observed for the reference strain from wheat. DON is supposed to be an essential factor for aggressiveness (3,4), while, in general, NIV producers are thought to be less aggressive (22,44,45). However, the DI and percentage of scabby kernels caused by the NIV-producing strains of *F. culmorum* and *F. cerealis* did not differ significantly from the DON-producing *F. graminearum* strain from wheat. This is similar to the results of Carter et al. (13), who found no difference in the aggressiveness of DON- and NIV-producing isolates in wheat, although the NIV chemotypes were more aggressive in maize.

In addition to the high DON contents found, significant amounts of DON-3-G were detected in the *F. graminearum*-infected grains. Glucose-conjugated or "masked" mycotoxins escape routine detection methods but are transformed to their toxic precursors after hydrolysis in the gastrointestinal tract and might contribute to human and animal mycotoxicosis (23). Interestingly, low levels of DON-3-G were detected besides minor concentrations of DON also in the NIV-producing strains of *F. culmorum* and *F. cerealis*. Concomitant production of DON and NIV has been reported before (53). However, to the best of the authors' knowledge, co-occurrence of NIV and masked DON has not been described before. However, slight background contamination cannot be excluded in greenhouse experiments and these results will have to be confirmed by further investigations.

A constant increase in the DI from 7 to 21 dpi was observed for all five pathogenic strains tested. For *F. graminearum*, *F. culmorum*, and *F. cerealis,* this could be explained by the fungus' systemic growth via the rachis and subsequent secondary infections of other spikelets. Discoloration of rachis segments was observed in the majority of the heads inoculated with these species.

The infection process of *F. culmorum* and *F. graminearum* has been comprehensively studied by light, confocal laser scanning, and transmission electron microscopy (31,34,35). In contrast, such studies are lacking for *F. equiseti* and *F. tricinctum*. These latter two species have been reported as causing only necrosis in inoculated spikelets after point inoculation (52,61). In the present investigation, *F. tricinctum* had the longest latency. It might be possible that the species' difficulty in penetrating into the floret might have led to external hyphal growth along the glumes and delayed primary infections. This may also explain the typical symptom of necrotic glume edges, becoming visible around 10 dpi, found with this species.

The symptom descriptions for the so-called less important species of the FHB complex are ambiguous in the literature. Kane et al. (33), after applying high inoculum densities of *F. tricinctum,* reported that the number of kernels per head, unlike the 1000-kernel weight, was reduced, although no severe symptoms were observed. In contrast, Vargo et al. (60) described the symptoms of *F. tricinctum* as resembling FHB, except that the kernels were not affected. For the same reasons, *F. equiseti* and *F. poae* have also been classified as being weakly pathogenic compared to *F. graminearum*, *F. culmorum*, and *F. avenaceum* (21). Only a few heads inoculated with *F. equiseti* and *F. tricinctum* in this study revealed typical FHB symptoms, i.e. bleaching of single spikelets. Scabby kernels were not produced. The less obvious symptoms on the palea and lemma sometimes only became visible when the glumes or florets were twisted.

Monitoring of such symptoms in the field would be most laborious and might be considered as unnecessary since the yield is supposed to be not affected. However, after spray inoculation in the greenhouse, the kernels revealed a high amount of toxigenic secondary fungal metabolites, including type A trichothecenes, NIV, FUS X, and MON. As even grains from inoculated heads were almost healthy-looking, there is a high probability that naturally infected kernels might pass the different steps of grain processing, leading to the occurrence of "hidden" mycotoxins in food and feed. The low level of black point was the only visible sign of a disorder in the grains from *F. equiseti-* or *F. tricinctum*-inoculated heads after harvest.

Field surveys have pointed out that black point is often associated with *Alternaria* spp. and *Cochliobolus sativus* (27,40). *Fusarium* spp. have also been frequently isolated from black point kernels, but a correlation with symptom development has been only verified for *F. proliferatum* and *F. avenaceum* (15,25). Since the baking quality of cereal lots with high levels of black point is unaffected (39,49), black point is often referred to as an aesthetic disorder only important for grain grading. However, black point kernels infected with *F. avenaceum* displayed higher MON concentrations than healthy-looking kernels (25). Desjardins et al. (17) detected significant amounts of black point and FUM in wheat kernels infected with *F. proliferatum*. This is consistent with the results of the present study as all the detected mycotoxins were increased in black point kernels. Kernels of cv. 'Tybalt' with black point symptoms exhibited 3.4 to 14.5 times higher mycotoxin contents compared to symptomless kernels. The greatest increase was observed for 2-AOD-3-ol, a sphingosine analogue, which has only recently been described (58). The maximum concentration in naturally infected grains was reported to be quite low with only 56 µg/kg in a Finnish wheat sample (59). It might be of interest to analyze the occurrence of this toxin in cereal lots exhibiting a greater incidence of black point as in this study up to 5,500 µg/kg were found in black point kernels.

Nevertheless, black point is not specific for *Fusarium* or even fungal infection. It has been assumed that black point is not a disease, but may be a physiological response to certain humid conditions involving peroxidase activity on phenolic compounds (41,62). This is contradictory to the detection of greater amounts of mycotoxins in black point kernels, indicating higher fungal activity. Black point was only associated with *F. equiseti*, *F. tricinctum*, and *F. cerealis,* while this symptom was only sporadically observed in the grains inoculated with other *Fusarium* spp. and lacking in the water control; all of which were kept under the same humidity conditions. Therefore, as long as potentially further associated fungi or triggering factors are not known, a possible mycotoxin contamination of cereal lots with high levels of black point has to be assumed. Color screening, usually performed for grading or breeding purposes (6,16,50), and sorting of grain might help to decrease mycotoxin content.

The influence of crop rotation on these less important components of the FHB complex is not well understood as usually only typical FHB heads are sampled in field surveys. However, a significant difference was detected in the range of species from diseased and randomly sampled grains (57). Because of their rather minimal symptoms, the impact of species like *F. equiseti* and *F. tricinctum* on mycotoxin contamination might be underestimated. Surveys less restricted to white heads and DON might contribute to a more impartial view in determining the risk deriving from *Fusarium* infections in wheat and any associated mycotoxin contamination.

LITERATURE CITED

1. Anonymous 2006: Commission Recommendation of 17 August 2006 on the prevention and reduction of Fusarium toxins in cereals and cereal products. Official Journal of the European Union L234:35-40.
2. Anonymous 2007: Commission Regulation (EC) No 1126/2007 of 28 September 2007 amending Regulation (EC) No 1881/2006 setting maximum levels for certain contaminants in foodstuffs as regards Fusarium toxins in maize and maize products. Official Journal of the European Union L255:14-17.
3. Bai, G.-H., Desjardins, A. E., and Plattner, R. D. 2002. Deoxynivalenol-nonproducing *Fusarium graminearum* causes initial infection, but does not cause disease spread in wheat spikes. Mycopathologia 153:91-98.

4. Bai, G.-H., Plattner, R., Desjardins, A., and Kolb, F. 2001. Resistance to fusarium head blight and deoxynivalenol accumulation in wheat. Plant Breed. 120:1-6.

5. Bennett, J. W., and Klich, M. 2003. Mycotoxins. Clin. Microbiol. Rev. 16:497-516.

6. Berman, M., Connor, P. M., Whitbourn, L. B., Coward, D. A., Osborne, B. G., and Southan, M.D. 2007. Classification of sound and stained wheat grains using visible and near infrared hyperspectral image analysis. J. Near Infrared Spectrosc. 15:351-358.

7. Bosch, U., and Mirocha, C. J. 1992. Toxin production by *Fusarium* species from sugar beets and natural occurrence of zearalenone in beets and beet fibers. Appl. Environ. Microbiol. 58:3233-3239.

8. Bottalico, A. 1998. *Fusarium* diseases of cereals: Species complex and related mycotoxin profiles, in Europe. J. Plant Pathol. 80:85-103.

9. Bottalico, A., and Perrone, G. 2002. Toxigenic *Fusarium* species and mycotoxins associated with head blight in small-grain cereals in Europe. Eur. J. Plant Pathol. 108:611-624.

10. Burlakoti, R. R., Estrada Jr., R., Rivera, V. V., Boddeda, A., Secor, G. A., and Adhikari, T. B. 2007. Real-time PCR quantification and mycotoxin production of *Fusarium graminearum* in wheat inoculated with isolates collected from potato, sugar beet and wheat. Phytopathology 97:835-841.

11. Burlakoti, R. R., Ali, S., Secor, G. A., Neate, S. M., McMullen, M. P., and Adhikari, T. B. 2008a. Genetic relationships among populations of *Gibberella zeae* from barley, wheat, potato, and sugar beet in the upper Midwest of the United States. Phytopathology 98:969-976.

12. Burlakoti, R. R., Ali, S., Secor, G. A., Neate, S. M., McMullen, M. P., and Adhikari, T. B. 2008b. Comparative mycotoxin profiles of *Gibberella zeae* populations from barley, wheat, potatoes, and sugar beets. Appl. Environ. Microbiol. 74:6513-6520.

13. Carter, J. P., Rezanoor, H. N., Holden, D., Desjardins, A. E., Plattner, R. D., and Nicholson, P. 2002. Variation in pathogenicity associated with the genetic diversity of *Fusarium graminearum*. Eur. J. Plant Pathol. 108:573-583.

14. Christ, D. S., Märländer, B., and Varrelmann, M. xxxx. Occurrence, pathogenicity, and mycotoxigenic potential of *Fusarium* species in freshly-harvested and stored sugar beet. Phytopathology submitted.

15. Conner, R. L., Hwang, S. F., and Stevens, R. R. 1996. *Fusarium proliferatum*: A new causal agent of black point in wheat. Can. J. Plant Pathol. 18:419-423.

16. Delwiche, S. R., Yang, I.-C., and Kim, M. S. 2009. Hyperspectral imaging for detection of black tip damage in wheat kernels. Proc. SPIE 7315:73150K-1-6.

17. Desjardins, A. E., Busman, M., and Proctor, R. H., and Stessman, R. 2007. Wheat kernel black point and fumonisin contamination by *Fusarium proliferatum*. Food Addit. Contam. 24:1131-1137.

18. Dill-Macky, R., and Jones, R. K. 2000. The effect of previous crop residues and tillage on fusarium head blight of wheat. Plant Dis. 84:71-76.

19. Doohan, F. M., Brennan, J., and Cooke, B. M., 2003. Influence of climatic factors on *Fusarium* species pathogenic to cereals. Eur. J. Plant Path. 109:755-768.

20. Edwards, S. G. 2004. Influence of agricultural practices on fusarium infection of cereals and subsequent contamination of grain by trichothecene mycotoxins. Toxicol. Lett. 153:29-35.

21. Fernandez, M. R., and Chen, Y. 2005. Pathogenicity of *Fusarium* species on different plant parts of spring wheat under controlled conditions. Plant Dis. 89:164-169.

22. Gang, G., Miedaner, T., Schuhmacher, U., Schollenberger, M., and Geiger, H. H. 1998. Deoxynivalenol and nivalenol production by *Fusarium culmorum* isolates differing in aggressiveness toward winter rye. Phytopathology 88:879-884.

23. Gareis, M., Bauer, J., Thiem, J., Plank, G., Grabley, S., and Gedek, B. 1990. Cleavage of zearalenone-glycoside, a "masked" mycotoxin, during digestion in swine. J. Vet. Med. B 37:236-240.

24. Gerlach, W., and Nirenberg, H. 1982. The genus *Fusarium* - A pictorial atlas. Mitt. Biol. Bundesanst. Land-Forstwirtsch. 209.

25. Golinski, P., Kosteckt, M., Lasocka, I., Wisniewska, H., Chelkowski, J., and Kaczmarek, Z. 1996. Moniliformin accumulation and other effects of *Fusarium avenaceum* (Fr.) Sacc. on kernels of winter wheat cultivars. J. Phytopathol. 144:495-499

26. Hanse, B., and Tijink, F. 2010. Harvesting losses … how to yield this hidden financial potential. Proc. 72th IIRB-Congress, Copenhagen, Denmark, 15-18.

27. Hanson, E. W., and Christensen, J. J. 1953. The black point disease of wheat in the United States. Univ. Minn. Agric. Exp. Sta. Tech. Bull. 206.

28. Hanson, L. E. 2006. *Fusarium* yellowing of sugar beet caused by *Fusarium graminearum* from Minnesota and Wyoming. Plant Dis. 90:686.

29. Hanson, L. E., and Hill, A. L. 2004. *Fusarium* species causing *Fusarium* yellows of sugarbeet. J. Sugar Beet Res. 41:163-178.

30. Hecker, A., Vogelgsang, S., Wettstein, F., and Forrer, H.-R. 2009. Befall einiger Winterweizensorten durch *Fusarium*-Arten. Agrarforschung 16:244-249.

31. Jansen, C., von Wettstein, D., Schäfer, W., Kogel, K.-H., Felk, A., and Maier, F. J. 2005. Infection patterns in barley and wheat spikes inoculated with wild-type and trichodiene synthase gene disrupted *Fusarium graminearum*. Proc. Natl. Acad. Sci. 102:16892-16897.

32. Jenkinson, P., and Parry, D. W. 1994. Isolation of *Fusarium* species from common broad-leaved weeds and their pathogenicity to winter wheat. Mycol. Res. 98:776-780.

33. Kane, R. T., Smiley, R. W., and Sorrells, M. E. 1987. Relative pathogenicity of selected *Fusarium* species and *Microdochium bolleyi* to winter wheat in New York. Plant Dis. 71:177-181.

34. Kang, Z., and Buchenauer, H. 2000. Ultrastructural immunocytochemical investigation of pathogen development and host responses in resistant and susceptible wheat spikes infected by *Fusarium culmorum*. Physiol. Mol. Plant Pathol. 57:255-268.

35. Kang, Z., and Buchenauer, H. 2002. Studies on the infection process of *Fusarium culmorum* in wheat spikes: Degradation of host cell wall components and localization of trichothecene toxins in infected tissue. Eur. J. Plant Pathol. 108: 653-660.

36. Khonga, E. B., and Sutton, J. C. 1988. Inoculum production and survival of *Gibberella zeae* in maize and wheat residues. Can. J. Plant Pathol. 10:232-239.

37. Leslie, J. F., and Summerell, B. A. 2006. The *Fusarium* laboratory manual. Blackwell, Oxford.

38. Lienemann, K. 2002. Auftreten von *Fusarium*-Arten an Winterweizen im Rheinland und Möglichkeiten der Befallskontrolle unter besonderer Berücksichtigung der Weizensorte. Ph.D thesis. University of Bonn, Germany.

39. Lorenz, K. 1986. Effects of blackpoint on baking quality of New Zealand wheat. N. Z. J. Agric. Res. 29:711-718.

40. Machacek, J. E., and Greaney, F. J. 1938. The “blackpoint” or “kernel smudge” disease of cereals. Can. J. Res 16C:84-113.

41. Mak, Y., Willows, R. D., Roberts, T. H., Wrigley, C. W., Sharp, P. J., and Copeland, L. 2006. Black point is associated with reduced levels of stress, disease- and defence-related proteins in wheat grain. Mol. Plant Pathol. 7:177-189.

42. Meier, A., Birzele, B., Oerke, E.-C., Steiner, U., Krämer, J., and Dehne, H.-W. 2001. Significance of different inoculum sources for the *Fusarium* infection of wheat ears. Mycotoxin Res. 17A:71-75.

43. Miedaner, T. 1997. Breeding wheat and rye for resistance to *Fusarium* diseases. Plant Breed. 116:201-220.

44. Miedaner, T., and Reinbrecht, C. 2001. Trichothecene content of rye and wheat genotypes inoculated with a deoxynivalenol- and a nivalenol-producing isolate of *Fusarium culmorum*. J. Phytopath. 149:245-251.

45. Muthomi, J. W., Schütze, A., Dehne, H.-W., Mutitu, E. W., and Oerke, E.-C. 2000. Characterization of *Fusarium culmorum* isolates by mycotoxin production and aggressiveness to winter wheat. J. Plant. Dis. Protect. 107:113-123.

46. Nirenberg, H. 1976. Untersuchungen über die morphologische und biologische Differenzierung in der Fusarium-Sektion *Liseola*. Mitt. Biol. Bundesanst. Land-Forstwirtsch. 169:1-117.

47. Obst, A., Gleissenthall, J. L., and Beck, R. 1997. On the etiology of Fusarium head blight of wheat in south Germany – Preceding crops, weather conditions for inoculum production and head infection, proneness of the crop to infection and mycotoxin production. Cereal Res. Commun. 25:699-703.

48. Parry, D. W., Jenkinson, P., and McLeod, L. 1995. *Fusarium* ear blight (scab) in small grain cereals - A review. Plant Pathol. 44:207-238.

49. Rees, R.G., Martin, D.J., and Law, D.P. 1984. Black point in bread wheat: Effects on quality and germination, and fungal associations. Aust. J. Exp. Agric. Anim. Husb. 24:601-605.

50. Sissons, M., Osborne, B., and Sissons, S. 2006. Application of near infrared reflectance spectroscopy to a durum wheat breeding programme. J. Near Infrared Spectrosc. 14:17-25.

51. Stack, R. W. 2003. History of Fusarium head blight with emphasis on North America. Pages 1-34 in: Fusarium Head Blight of Wheat and Barley. K. J. Leonard, and W. R. Bushnell, eds. APS Press, St. Paul, MN.

52. Stack, R. W., and McMullen, M. P. 1985. Head blighting potential of *Fusarium* species associated with spring wheat heads. Can. J. Plant Pathol. 7:79-82.

53. Sugiura, Y., Watanabe, Y., Tanaka, T., Yamamoto, S., and Ueno, Y. 1990. Occurrence of *Gibberella zeae* strains that produce both nivalenol and deoxynivalenol. Appl. Environ. Microbiol. 56:3047-3051.

54. Sulyok, M., Berthiller, F., Krska, R., and Schuhmacher, R. 2006. Development and validation of a liquid chromatography/tandem mass spectrometric method for the determination of 39 mycotoxins in wheat and maize. Rapid Commun. Mass Spectrom. 20:2649-2659.

55. Sulyok, M., Krska, R., and Schuhmacher, R.. 2007. A liquid chromatography/tandem mass spectrometric multi-mycotoxin method for the quantification of 87 analytes and its application to semi-quantitative screening of moldy food samples. Anal. Bioanal. Chem. 389:1505-1523.

56. Teich, A. H., and Hamilton, J. R. 1985. Effect of cultural practices, soil phosphorus, potassium, and pH on the incidence of Fusarium Head Blight and deoxynivalenol levels in wheat. Appl. Environ. Microbiol. 49:1429-1431.

57. Tóth, A. 1997. Dominance condition of *Fusarium* species occurring in winter wheat kernels in Pest County. Cereal Res. Commun. 25:625-627.

58. Uhlig, S., Petersen, D., Flåøyen, A., and Wilkins, A. 2005. 2-Amino-14,16-dimethyloctadecan-3-ol, a new sphingosine analogue toxin in the fungal genus *Fusarium*. Toxicon 46:513-522.

59. Uhlig, S., Ivanova, L., Bernhoft, A., and Eriksen, G. S. 2008. 2-Amino-14,16-dimethyloctadecan-3-ol: *in vitro* bioactivity and bio-production by the fungus *Fusarium avenaceum*. World Mycotoxin J. 1:49-58.

60. Vargo, R. H., Baumer, J. S., and Wilcoxson, R. D. 1981. *Fusarium tricinctum* as a pathogen of spring wheat. Phytopathology 71:910.

61. Wilcoxson, R. D., Kommedahl, T., Ozmon, E. A., and Windels, C. E. 1988. Occurrence of *Fusarium* species in scabby wheat from Minnesota and their pathogenicity to wheat. Phytopathology 78:586-589.

62. Williamson, P.M. 1997. Black point of wheat: *In vitro* production of symptoms, enzymes involved, and association with *Alternaria alternata*. Aust. J. Agric. Res. 48:13-19.

63. Windels, C. E. 2000. Economic and social impacts of *Fusarium* head blight: Changing farms and rural communities in the northern Great Plains. Phytopathology 90:17-21.

64. Xu, X.-M., Nicholson, P., Thomsett, M. A., Simpson, D., Cooke, B. M., Doohan, F. M., Brennan, J., Monaghan, S., Moretti, A., Mule, G., Homok, L., Beki, E., Tatnell, J., Ritieni, A., and Edwards, S. G. 2008. Relationship between the fungal complex causing fusarium head blight of wheat and environmental conditions. Phytopathology 98:69-78.

5. Diskussion

5.1 Lagerungsversuche Zuckerrüben

5.1.1 Auftreten unterschiedlicher *Fusarium* spp. in ungelagerten und gelagerten Zuckerrüben

Im Rahmen der vorliegenden Studie wurden 395 *Fusarium* Isolate aus den insgesamt 3.040 untersuchten Zuckerrüben gewonnen. Dies entspricht einer durchschnittlichen Isolationsrate von 12,7%. Die Isolate wurden, basierend auf dem morphologischen Spezieskonzept, 13 Arten zugeordnet. Das Vorkommen von *F. sambucinum* in Zuckerrübe wird dabei zum ersten Mal beschrieben, während die anderen Arten bereits in vorangegangenen Publikationen im Zusammenhang mit Zuckerrüben erwähnt wurden (Bosch und Mirocha, 1992; Hanson und Hill, 2004; Nitschke et al., 2009; Schneider und Musters van Oorschott, 2008). Zusammen mit *F. acuminatum* (Ruppel, 1991), *F. verticillioides* (Hanson und Hill, 2004), *F. sulphureum* (Burlakoti et al., 2006) und *F. subglutinans* (Bosch und Mirocha, 1992) sind damit bisher 17 *Fusarium* spp. aus Zuckerrüben isoliert worden. Das heißt, das *Fusarium* Artspektrum in Zuckerrüben ist ähnlich zahlreich, wie das für Weizen beschriebene (Parry et al., 1995). Eine phylogenetische, intraspezifische Differenzierung von *F. oxysporum*, *F. graminearum* und *F. solani* wurde nicht vorgenommen, da zunächst einmal nur das Auftreten der Arten sowie deren Pathogenität und mykotoxigenes Potential untersucht werden sollten. In weiterführenden Analysen sollte jedoch analysiert werden, ob sich aus Zuckerrüben isolierte Fusarien phylogenetisch von Fusarien unterscheiden, die aus anderen Wirten isoliert wurden.

Abgesehen von einzelnen Isolaten anderer Spezies traten sieben Arten in höherer Frequenz auf. *F. cerealis*, *F. culmorum*, *F. equiseti*, *F. graminearum* und *F. tricinctum* werden alle mehr oder minder häufig im Zusammenhang mit FHB von Weizenähren isoliert (Bottalico und Perrone, 2002; De Nijs et al., 1996; Oerke et al., 2010). Angesichts dessen, dass die Zuckerrüben, die die Grundlage der beschriebenen Versuche darstellen, auf zwei Standorten mit Weizen-dominierter Fruchtfolge angebaut wurden, der langen Persistenz von Chlamydosporen im Boden (McKeen und Wensley, 1961; Sitton und Cook, 1981) und der daraus zu vermutenden Akkumulation von getreidepathogenen Fusarien, ist das häufige Auftreten dieser Arten nicht verwunderlich. Es ist zu untersuchen, ob Zuckerrüben, die in anderen Regionen oder anderen Fruchtfolgen, z.B. mit Mais, Raps oder Kartoffeln stehen, eine andere *Fusarium* Artzusammensetzung aufweisen.

Eine interessante Ausnahme von den typischen getreidepathogenen *Fusarium* spp. bildet *F. redolens*. Mit 45 bzw. 61% in 2006/2007 wurde diese Art am häufigsten aus frisch geernteten Zuckerrüben isoliert. *F. redolens* wird vor allem als Pathogen in gartenbaulichen Kulturen beschrieben, darunter Spargel (Baayen et al., 2000), Nelke (Gerlach und Pag, 1961) und Linse (Riccioni et al., 2008). Es gibt außerdem eine Veröffentlichung, die sich auf die Pathogenität in Kartoffel bezieht (Rai, 1981). Johnston und Greaney (1942) beschreiben darüber hinaus, dass *F. redolens* zwar manchmal im Zusammenhang mit Fußkrankheiten bei Weizen isoliert wird, nach künstlicher Inokulation aber keine Symptome hervorrufen konnte. In ackerbaulichen Kulturen ist diese Art ansonsten so gut wie unbekannt. Eine Erklärungsmöglichkeit dafür ist die immer noch vorherrschende morphologische Artdifferenzierung. *F. redolens* kann morphologisch sehr leicht mit *F. oxysporum* oder *F. solani* verwechselt werden (Baayen et al., 2001; Leslie und Summerell, 2006). Während letztere Art zu den oben genannten Einzelisolaten zählt, war die geringe Isolationsrate von *F. oxysporum* überraschend. Zum einen ist *F. oxysporum* ein ubiquitärer Bodenbewohner und in vielen unterschiedlichen Wirtspflanzen pathogen (Di Pietro et al., 2003; Leslie und Summerell, 2006), zum anderen ist *F. oxysporum*, wirtschaftlich betrachtet, die wichtigste *Fusarium* Art in Zuckerrüben. Durch Fob kommt es in den USA zu erheblichen Verlusten im Rüben- und Weißzuckerertrag (Hanson und Jacobsen, 2009). Das Vorkommen dieser Art in gesunden Rüben wird daher in Kapitel 5.2, Pathogenität von *Fusarium* spp. in Zuckerrübe, gesondert diskutiert.

Ähnlich wie bei Weizen (Christensen und Kaufmann, 1969), konnten die *Fusarium* Isolate in Feld- und Lagerpilze eingeteilt werden. Diese Einteilung bezieht sich bisher nur auf die *Fusarium* Artebene, es ist jedoch zu untersuchen, ob sich die Besiedlung von Zuckerrüben, wie eben bei Weizen beschrieben, auch auf Gattungebene (z.B. *Alternaria*, *Aspergillus*, *Penicillium*) unterscheidet. *F. redolens* war die dominante Art in erntefrischen und kurzfristig gelagerten Rüben, während mit zunehmender Lagerungsdauer verstärkt *F. culmorum*, *F. cerealis* und *F. graminearum* isoliert wurden. Die Konstanz, mit der diese unterschiedliche Artzusammensetzung in frisch geernteten bzw. kurzfristig gelagerten Zuckerrüben im Vergleich zu langfristig gelagerten beobachtet wurde, ist erstaunlich. Die Ergebnisse wurden nicht nur in zwei unterschiedlichen Umwelten (Mietenlagerung und kontrollierte Lagerung) erzielt, sondern waren auch jeweils im zweiten Jahr reproduzierbar. Bei FHB in Weizen werden normalerweise große Schwankungen in Bezug auf Infektionsrate und Artspektrum beobachtet (Bottalico und Perrone, 2002; De Nijs et al., 1996). Möglicherweise hängt die beobachtete Konstanz im *Fusarium* Artspektrum bei Zuckerrüben damit zusammen, dass bodenbürtige Infektionen nicht so sehr von Wetter-Variablen abhängig sind, wie die Ähreninfektion bei Weizen. Dies kann aber im Moment nur Spekulation sein, da der Infektionsweg und damit auch befallsbeeinflussende Faktoren bei Zuckerrüben noch nicht hinreichend untersucht sind.

5.1.2 Isolationsrate vs. Infektionsrate: Schwierigkeiten bei der Quantifizierung von *Fusarium* in Zuckerrüben

Die Isolation von *Fusarium* spp. war nicht mit dem Auftreten von Rübenfäulen oder anderen typischen *Fusarium* Symptomen korreliert. Zum Zeitpunkt der Ernte wurden weder am Blatt noch am Rübenkörper Symptome beobachtet, die auf eine Infektion mit *Fusarium* hingedeutet hätten. Trotzdem wurden aus 12,2% (2006) bzw. 9,4% (2007) der frisch-geernteten Zuckerrüben Fusarien isoliert. Nach Definition von Petrini (1991) werden alle

Mikroorganismen, die aus dem symptomlosen, inneren Gewebe eines Wirts isoliert werden, als Endophyten bezeichnet. Bei der Untersuchung von Endophyten mit klassischen *in vitro* Methoden gilt dabei folgende Regel: „The number of endophytes (strains and species) depends on how much care, time and Petri-dishes are used in a study" (Hyde und Soytong, 2008). Der Stichprobenumfang („Petri-dishes"), einerseits auf die Anzahl untersuchter Pflanzen und andererseits auf die Anzahl an Gewebeproben pro Pflanze bezogen, beeinflusst demnach die Isolationsrate. Gerade der letzte Punkt stellt eine mögliche Fehlerquelle dar, da keine gleichmäßige Kolonisierung des Wirts zu erwarten ist und es bei Probennahme im zufällig nicht-kolonisierten Gewebe zu falsch-negativen Ergebnissen kommt. Eine umfangreiche räumliche Analyse von Zuckerrüben wäre jedoch aus praktischen Gründen (Masse) auf einzelne Pflanzen beschränkt, so dass auch dadurch keine verlässlichen Aussagen zur Artzusammensetzung in einer größeren Einheit (Feld, Region, etc.) möglich wären. Darüber hinaus werden bei der Isolation von Mikroorganismen auf einem künstlichen Nährmedium schnell-wachsende Arten begünstigt. Andere Arten mit langsamerem Wachstum oder spezifischen Nährstoffansprüchen werden nur in einem geringen Maße bzw. gar nicht detektiert (Hyde und Soytong, 2008; Schulz und Boyle, 2005). Bei zeitlichen Analysen, wie hier in Bezug auf die Lagerdauer, kommt das Problem hinzu, dass aufgrund der destruktiven Probennahme zu jedem Termin andere Pflanzen untersucht werden müssen, da es bei Mehrfachbeprobung der gleichen Zuckerrübe zu Kreuzkontaminationen kommen könnte.

Bei der vorliegenden Arbeit wurde versucht, diesen Problemen mit sehr großen Stichproben – bezogen auf die Pflanzenanzahl – zu begegnen. Die Gewebestückchen wurden grundsätzlich an einer vorab definierten Stelle aus der Mitte der Zuckerrübe entnommen. Die oben bereits erwähnte Konstanz im Artspektrum zeigt, dass diese Methode zu reproduzierbaren Ergebnissen führt. Allerdings ist die Isolation und Bestimmung sehr zeit- und arbeitsaufwendig, zudem deuten die schwankenden Isolationsraten zwischen den einzelnen Varianten darauf hin, dass auch diese Methode nicht optimal ist und die reale Infektionsrate mit (endophytischen) *Fusarium* spp. in Zuckerrüben vermutlich weit höher liegt als die gefundenen 3,8 – 37,5%. Molekulare Techniken, bei denen die gesamte DNA einer Wirtspflanze extrahiert wird, könnten solche Fehler vermeiden und zumindest theoretisch einen zuverlässigen Überblick über alle kolonisierenden Spezies liefern. Voraussetzung ist allerdings, dass, je nach angewandter Methode, spezifische Primer oder Datenbankinformationen für die einzelnen Arten vorliegen. Mögliche molekulare Methoden zum Studium pilzlicher Diversität in Pflanzen sind z.B. die Messung der Biomasse mit quantitativer Real-Time PCR (Tellenbach et al. 2010), Klonieren (Seena et al., 2008) oder „Denaturing Gradient Gel Electrophoresis" (DGGE, Kowalchuk et al., 1997).

Mit Hilfe molekularer Techniken könnte die räumliche Verteilung von *Fusarium* spp. in einzelnen Rübenabschnitten (Kopf, Hypokotyl, Bereich der Wurzelrinne, Wurzelspitze, etc.) weit einfacher bestimmt werden als durch *in vitro* Verfahren. Der Probendurchsatz ist jedoch auch bei diesen Verfahren durch die Masse der Zuckerrübe begrenzt. Das Hauptproblem ist die Oberflächensterilisation vor der Gesamt-DNA-Extraktion. Erdanhang und Epiphyten müssen vollständig entfernt werden, da ansonsten Kontaminationen zu falsch-positiven Ergebnissen führen. Schälen, Tauchen in Natriumhypochloridlösung oder Abflammen ist zwar zu Versuchszwecken bei einzelnen Rüben möglich, für größere Stichproben aber kaum durchzuführen.

5.2 Pathogenität von *Fusarium* spp. in Zuckerrübe

Fast alle im Rahmen dieser Arbeit getesteten *Fusarium* Isolate zeigten nur ein geringes pathogenes Potential an Zuckerrübenjungpflanzen unter den gegebenen Bedingungen. Einzig *F. graminearum* und *F. sambucinum* konnten Symptome auslösen, die mit denen von Fob vergleichbar waren. Wird jedoch der mittlere Boniturwert dieser Isolate von 1,15 bzw. 1,7 mit dem von Fob (3,65) verglichen, fällt auf, dass diese Symptome nur auf einzelne Rüben beschränkt waren, während der Rest keine oder nur leichte Symptome zeigte. Selbst in den USA, wo in einigen Anbaugebieten große Ertragsverluste durch „Fusarium Yellows" und „Fusarium Root Rot" auftreten, ist nicht jedes Isolat ein Pathogen. Hanson und Hill (2004) isolierten 62 Fusarien aus Zuckerrüben mit deutlichen „Fusarium Yellows"-Symptomen. In Pathogenitätstesten konnten davon jedoch nur 21% Symptome erzeugen. Auch Ruppel (1991) isolierte aus „Fusarium Yellows"-Zuckerrüben zu 75% Fusarien, die unter kontrollierten Bedingungen apathogen waren. Von daher ist fraglich, ob es sich bei den Fusarien, die in letzter Zeit auch häufig aus europäischen Zuckerrüben mit Rübenfäulen oder „Fusarium Yellows"-ähnlichen Symptomen isoliert werden (z.B. Anonymus, 2007b; Karadimos und Karaoglanidis, 2006; Nitschke et al., 2009; Stoišin et al., 2006), um Primärerreger, Saprobionten oder Endophyten handelt.

Pathogenitätsteste sind mit einem hohen Arbeits- und Platzaufwand verbunden, so dass meist nur wenige Isolate getestet werden können. Sie sind aber dringend notwendig, um einen Zusammenhang zwischen im Feld beobachteten Symptomen und den isolierten Mikroorganismen nachzuweisen, und somit potentielle Pathogene von eher saprotrophen oder eher endophytischen Isolaten zu trennen. Dabei müssen allerdings die Testbedingungen kritisch betrachtet werden. Die Aggressivität eines Isolats kann durch unterschiedliche biotische und abiotische Faktoren beeinflusst werden. So wurde bei *Fusarium* in Zuckerrüben u.a. ein Zusammenhang mit dem Auftreten von Nematoden (Jorgenson, 1970) oder Gürtelschorf (Petersen und Schlinker, 2003) festgestellt. Fob Isolate, die bei 30°C pathogen waren, erwiesen sich bei 20°C als apathogen (Harveson und Rush, 2008). Ein Einfluss von Bodenfeuchtigkeit und Konkurrenz durch andere Mikroorganismen ist ebenfalls anzunehmen. Meist sind solche Faktoren jedoch nicht bekannt oder sie lassen sich nur schwer unter kontrollierten Bedingungen nachbilden. Zudem ist die Einteilung in Endophyten, Saprobionten oder Pathogene nicht ganz einfach. Dass ein Isolat in einer Wirtspflanze zu

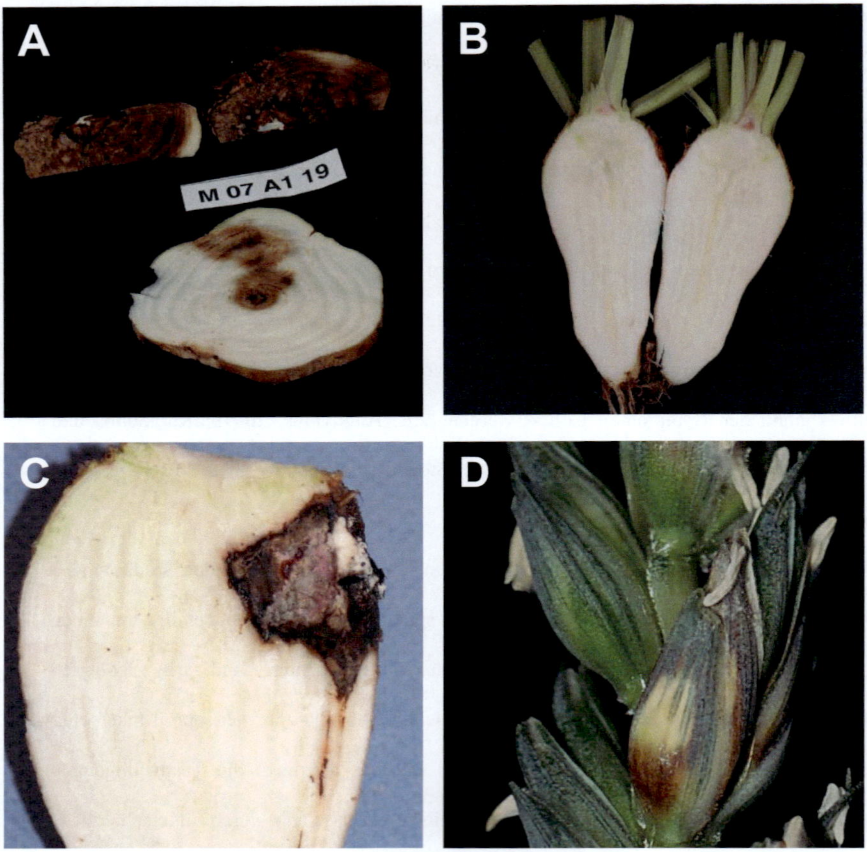

Abbildung 4: Unterschiedliche Lebensformen von *F. cerealis*. Das Isolat O45 wurde aus einer 16 Wochen gelagerten Rübe mit deutlicher Lagerfäule gewonnen (A, Quer- und Längsschnitt unterhalb der Köpfstelle), wächst endophytisch in inokulierten Jungpflanzen (B), saprotroph nach künstlicher Verletzung und Inokulation von ca. 5 Monate alten Zuckerrüben (C) und ist pathogen im Weizen (D) (Photos D. Christ).

einem bestimmten Zeitpunkt endophytisch ist, bedeutet nicht, dass es diesen Zustand grundsätzlich in allen Entwicklungsstadien bzw. auch in anderen Wirtspflanzen beibehalten muss. Außerdem werden Sorteneffekte für Fob in Zuckerrüben beschrieben (Hanson et al., 2009).

Auch Endophyten besitzen ein gewisses pathogenes Potential, sonst könnten sie nicht in die Pflanze eindringen. Schulz und Boyle (2005) bezeichnen diese Beziehung als balancierten Antagonismus und nennen unterschiedliche Beispiele dafür, dass sich Endophyten durch Umweltreize auch zu Pathogenen entwickeln können. Abbildung 4 zeigt das *F. cerealis* Isolat O45, welches aus einer 16 Wochen lang gelagerten Zuckerrübe mit deutlicher Lagerfäule gewonnen wurde (A). Im Pathogenitätstest konnten damit keine Symptome an Zuckerrüben-Jungpflanzen erzeugt werden (B), allerdings war Re-Isolation möglich. Das heißt, der Pilz ist endophytisch gewachsen. Bei Inokulation von älteren Zuckerrüben nach Verletzung (Christ und Varrelmann, 2010) entstand dagegen eine tiefgehende Rübenfäule (C), vergleichbar mit der Lagerfäule, aus der dieses Isolat ursprünglich gewonnen wurde. *F. cerealis* konnte also erst durch saprotrophes Wachstum die Zuckerrübe schädigen. Im Weizen dagegen traten auch ohne Verletzung Symptome nach Sprühinokulation auf (D). Das heißt, ein Isolat kann, je nach Wirtspflanze und (Entwicklungs-) Zustand, sowohl Endophyt, Saprobiont als auch Pathogen sein.

Wie oben geschildert, war vor allem die niedrige Isolationsrate von *F. oxysporum* (18 Isolate von insgesamt 395) überraschend. Alle Isolate wurden aus symptomlosen Zuckerrüben gewonnen. Zudem zeigt die durchschnittliche Boniturnote von 0,6 im Pathogenitätstest nur ein geringes pathogenes Potential. Auch Ruppel (1991) beschreibt, dass nur elf von 27 *F. oxysporum*-Isolaten im Gewächshaus Symptome an Zuckerrübenjungpflanzen verursachen konnten. Andererseits gibt es aber auch hochpathogene Isolate von *F. oxysporum* (Hanson und Hill, 2004; Hanson et al., 2009). Die Pathogenitätsmechanismen in Zuckerrübe sind bisher nicht geklärt, zudem wird die Untersuchung durch die intraspezifische Variabilität und die beobachtete Wechselwirkung zwischen Sorte und Isolat (Hanson et al., 2009) kompliziert. Einen Überblick über die Literatur zu den molekularen Grundlagen der Pathogenität von *F. oxysporum* in anderen Wirtspflanzen liefern u.a. Rep (2005), Kistler (2007) und Michielse und Rep (2009). Für *F. oxysporum* f. sp. *lycopersici* sind vor kurzem sogenannte „lineagespecific (LS) genomic regions" beschrieben worden (Ma et al., 2010). Diese Bereiche erstrecken sich über vier Chromosomen und sind reich an Transposons und Virulenzgenen. Die Übertragung von LS-Chromosomen auf einen apathogenen *F. oxysporum* Stamm führte dazu, dass auch dieser zum Pathogen wurde. Inwieweit sich möglicherweise solche LS-Regionen für einen molekularen Nachweis von Pathogenität in bestimmten Wirtspflanzen eignen, muss noch untersucht werden. Phylogenetische Analysen haben jedoch gezeigt, dass eine forma specialis auch polyphyletisch sein kann, während an unterschiedlichen Wirtspflanzen pathogene Stämme einen gleichen Vorfahren haben können (O'Donnell et al., 1998).

5.3 Mykotoxinbildung von aus Zuckerrübe isolierten *Fusarium* spp.

Obwohl die Zuckerrübe bereits seit 1931 als Wirtspflanze von *Fusarium* bekannt ist (Stewart, 1931) und Fusarien als potente Mykotoxinproduzenten gelten, wurde dieser Zusammenhang bisher kaum untersucht. Es gibt nur zwei Publikationen, die das Vorkommen von ZEA in Zuckerrüben bzw. Zuckerrübenprodukten beschreiben (Bosch und Mirocha, 1992; Skrinjar et al., 1995), eine zur Trichothecen-Produktion von *F. graminearum* aus Zuckerrüben in Reis (Burlakoti et al., 2008) und eine zur Trichothecen-, MON- und ZEA-Produktion von fünf Isolaten unterschiedlicher Herkunft (Mais, Weizen, Zuckerrübe) auf Zuckerrübenscheiben *in vitro* (Bosch et al., 1992). Angesichts der 17 bisher aus Zuckerrübe isolierten *Fusarium* Arten (siehe Kapitel 5.1.1 Auftreten unterschiedlicher *Fusarium* spp. in ungelagerten und gelagerten Zuckerrüben), ist jedoch auch mit dem Auftreten anderer Mykotoxine zu rechnen. Vor der Untersuchung von Mykotoxinen in Zuckerrüben wurden zunächst einmal die Mykotoxinprofile aller 13 im Feldversuch gefundenen Arten in einem Standardmedium mit LC-MS/MS analysiert. Ziel war zum einen dadurch zukünftige Analysen auf die wichtigsten Toxine eingrenzen zu können und zum anderen die Mykotoxinproduktion von *Fusarium* spp. aus unterschiedlichen Wirtspflanzen zu vergleichen.

Angesichts der Häufigkeit, mit der *F. redolens* aus erntefrischen Zuckerrüben isoliert wurde, war das Mykotoxinprofil dieser Art von besonderem Interesse. Abbas et al. (1995) berichten über die Produktion von FB_1, FB_2 und FB_3 durch sieben *F. redolens* Isolate aus Weymouth-Kiefern (*Pinus strobus* L.) und umgebenden Boden. Fumonisine gelten, wie in Kapitel 1.2.1 *Fusarium* Mykotoxine beschrieben, als kanzerogen. Von daher wurden auch, im Vergleich zu anderen Arten, mehr Isolate von *F. redolens* getestet. Jedoch wurde bei keinem der hier untersuchten Isolate FB_1, FB_2 oder FB_3 oberhalb des LOD gemessen. Stattdessen wurden zum Teil sehr hohe Konzentrationen an BEAU (17.300 – 1.580.000 µg/kg), Enniatinen (z.B. 0 – 17.400 µg/kg ENNI A) und MON (0 – 76.400 µg/kg) gefunden.

Die meisten Isolate von *F. culmorum*, *F. cerealis* und *F. graminearum* produzierten *in vitro* hohe Mengen an ZEA sowie relativ geringe Mengen an DON, NIV und deren acetylierten Derivaten. Dies ist insofern überraschend, als dass Reis eigentlich eine gute Matrix für DON-Bildung ist (Greenhalgh et al., 1983). Dass aber auch Isolate, die *in vitro* nur sehr geringe Mengen oder gar keine Trichothecene bilden, *in planta* zu hohen Kontaminationen führen können, wurde bei der Untersuchung des inokulierten Weizens gezeigt. Währen bei O29 *in vitro* nur Trichothecen-Spuren von 0,02 µg/kg NIV und 0,2 µg/kg FUS X gemessen wurden, lagen die Gehalte im Weizen bei 8.239 µg/kg NIV und 755 µg/kg FUS X. Die umgekehrte Situation wurde bei ZEA beobachtet. Das Isolat O14 produzierte *in vitro* 437.000 µg/kg, im Weizen wurde jedoch nur 1 µg/kg detektiert. Auch Gang et al. (1998) und Desjardins et al. (1998) beobachteten keine Korrelation für die DON- bzw. FUM-Produktion *in vitro* und *in planta*. Das heißt, dass bei *in vitro* Analysen nur die Bandbreite an Toxinen bestimmt wird, die eine Art auf Grund ihrer genetischen Voraussetzungen produzieren kann. Ob und in welcher Höhe sie dies auch in Wirtspflanzen tut, hängt dann in hohem Maße von den Umweltbedingungen und vom Isolat ab.

Quantitative Unterschiede zeigen sich auch beim Vergleich der *in vitro* Mykotoxin-Produktion in unterschiedlichen Substraten. Uhlig et al. (2008) berichten, dass drei

F. avenaceum Isolate in Reis nur sehr niedrige Gehalte an 2-AOD-3-ol produzierten, während in Weizen bzw. Hafer bis zu 1.000-fach höhere Konzentrationen gemessen wurden. Auch in der vorliegenden Arbeit wurde 2-AOD-3-ol in Kulturen von *F. avenaceum* und *F. tricinctum* gefunden. Mit bis zu 3.090.000 µg/kg wurden aber, trotz Reissubstrat, sehr hohe Mengen dieses Toxins detektiert. Bei 2-AOD-3-ol handelt es sich um ein Mykotoxin, dass erst 2005 beschrieben (Uhlig et al., 2005) und dementsprechend bisher kaum untersucht worden ist. Strukturell ähnelt es den Fumonisinen. Allerdings hat 2-AOD-3-ol in ersten *in vitro* Tests bisher nur eine cytotoxische Wirkung gezeigt, ohne die Ceramidsynthase zu hemmen (Uhlig et al., 2008), weitere Untersuchungen zur Toxizität müssen jedoch noch folgen. In natürlich infizierten Weizenproben aus Skandinavien wurde eine maximale 2-AOD-3-ol Konzentration von 56 µg/kg gemessen (Uhlig et al., 2008). Dass aber auch höhere Konzentrationen *in planta* auftreten können, zeigen die Inokulationsversuche mit *F. tricinctum* und Sommerweizen im Gewächshaus. In unsortierten Körnern von cv. ‚Kadrilj' lag der Gehalt bei 317 µg/kg, während in Körnern der Sorte ‚Tybalt' mit Black Point-Symptomen 5.500 µg/kg gemessen wurden.

F. venenatum zeigte das umfangreichste Mykotoxinprofil in der hier durchgeführten Arbeit. Neben hohen Gehalten an A-Trichothecenen wurden auch NIV, FUS X, DON und BEAU detektiert. Zwar ist einerseits die Parallelproduktion von Scirpenolderivaten und NIV bei *F. equiseti* und andererseits die Parallelproduktion von DON und NIV bei *F. graminearum* beschrieben worden (Sugiura et al., 1990; Desjardins, 2006), die gleichzeitige Produktion von DON, NIV und FUS X sowie DAS, MAS, NEO und T-2 durch *F. venenatum* ist jedoch ungewöhnlich. Dementsprechend wurde die Messung mit einer unabhängig angezogenen Kultur in Reis einer anderen Charge wiederholt. Dabei wurde die erste Messung mit 346 µg/kg DON, 1.010 µg/kg NIV, 6.420 µg/kg FUS X sowie 447.000 µg/kg DAS, 6.910 µg/kg MAS und 3.100 µg/kg NEO bestätigt. Zudem wurden auch in der Wiederholung 515 µg/kg BEAU gefunden. Bei einem natürlichen Substrat wie Reis muss zwar mit einer

Hintergrundkontamination gerechnet werden, in der Blankkontrolle wurden jedoch nur Spuren (< 10 µg/kg) von ENNI und BEAU gefunden, die das Profil des Isolates nicht erklären können, weitere Untersuchungen müssen daher folgen.

Abgesehen von dem ungewöhnlich umfangreichen Mykotoxinprofil von *F. venenatum* unterschieden sich die Mykotoxinprofile der im Rahmen dieser Arbeit untersuchten *Fusarium* spp. aus Zuckerrübe nicht von denen, die für andere Wirte publiziert sind (Desjardins, 2006). Dies ist in Einklang mit Burlakoti et al. (2008b), die keine Unterschiede in der Trichothecen-Produktion von *F. graminearum* aus Zuckerrübe, Weizen, Gerste und Kartoffel gefunden haben. Durch die Ergebnisse der *in vitro* Mykotoxinproduktion wurde somit zudem die Artidentifizierung bestätigt. Darüber hinaus wurden Schwerpunkte für die zukünftige Analyse von Zuckerrübenbrei definiert. Diese sollte unter Berücksichtigung der ermittelten *Fusarium* spp. und deren Mykotoxinprofilen mindestens für DON, NIV sowie deren acetylierte Derivate, ZEA, BEAU, ENNI und MON erfolgen.

5.4 Bedeutung einer möglichen Mykotoxinkontamination von Zuckerrüben

Es gibt, wie oben erwähnt, nur sehr wenige Veröffentlichungen über das Vorkommen von Mykotoxinen in Zuckerrüben und Zuckerrübenprodukten. Bosch und Mirocha (1992) fanden in sechs von 25 untersuchten Feldrüben während der Vegetationszeit ZEA in einer Konzentration von 12 – 391 µg/kg. Bei der Interpretation muss man jedoch beachten, dass die untersuchten Rüben deutliche Blattsymptome (Chlorosen, Welke und Nekrose des Blattapparates) und Myzelbildung an den Wurzeln aufwiesen. Das heißt, es handelte sich in diesem Fall nicht um repräsentative Stichproben. Auch eigene Untersuchungen haben gezeigt, dass Einzelrüben mit deutlicher Lagerfäule sehr hohe Toxingehalte aufweisen können. Bis zu 1.452 µg/kg ZEA und bis zu 14.025 µg/kg DON wurden gemessen (Christ und Varrelmann, 2010). Bei größeren, repräsentativen Stichproben aus Lagerungsversuchen lagen dagegen alle auf DON, ZEA und FUM untersuchten Proben unter oder kurz oberhalb der Nachweisgrenze. Nur in Zuckerrüben von der Mietenoberfläche wurden nach 12 wöchiger Lagerung erhöhte Gehalte an DON (262 – 500 µg/kg) und ZEA (43 – 158 µg/kg) gemessen (Christ und Varrelmann, 2010).

Angesichts der unterschiedlichen Artspektren in frischen und langfristig gelagerten Zuckerrüben unterscheidet sich vermutlich auch das Mykotoxinspektrum abhängig von der Lagerdauer. *F. redolens* und *F. oxysporum*, die 53 bzw. 76% (2006/2007) der *Fusarium* spp. in erntefrischen Zuckerrüben darstellten, können nur MON sowie die Cyclohexadepsipeptide BEAU und ENNI produzieren. *F. culmorum*, *F. cerealis* und *F. graminearum*, die in der Summe 50 bzw. 84,8% (2006/2007) der Fusarien in 16 Wochen lang gelagerten Zuckerrüben ausmachten, produzieren dagegen ZEA sowie DON, NIV und deren acetylierte Derivate. In frischen bzw. kurzfristig gelagerten Zuckerrüben ist daher eher mit BEAU, ENNI und MON zu rechnen, während ZEA und B-Trichothecene vermutlich erst durch den saprotrophen Befall mit zunehmender Lagerdauer in größeren Mengen auftreten. Bisher wurde das Vorkommen von BEAU, ENNI und MON in Feldrüben noch nicht untersucht. BEAU und ENNI können möglicherweise durch ihre antimikrobiellen, insektiziden und anthelminthischen Eigenschaften (Gäumann et al., 1947; Grove und Pople, 1980; Gupta et al., 1991; Jeschke et al., 2003; Strongman et al., 1988) zur Stärkung der pflanzeneigenen Abwehr beitragen. Für andere Wirt-Endophyt-Komplexe ist eine solche mutualistische Gesellschaft bereits beschrieben (Ownley et al., 2010). In diesem Falle wäre die endophytische Besiedlung mit apathogenen *F. redolens* oder *F. oxysporum* Isolaten dann sogar vorteilhaft für die Zuckerrübe. Diese Hypothese muss zunächst durch die künstliche Inokulation von Zuckerrüben mit *F. redolens* und anschließender Mykotoxinanalyse untermauert werden. In einem zweiten Schritt kann dann eine mögliche mutualistische Beziehung durch gleichzeitige Inokulation von Zuckerrüben mit *F. redolens* und Pathogenen wie z.B. Fob, *Rhizoctonia solani* oder Nematoden untersucht werden. Darüberhinaus muss auch die Bedeutung einzelner

Faktoren (z.B. Verletzung, Temperatur, Mietenpflege etc.) untersucht werden, die zur Entwicklung von Lagerfäule und damit verbundener Mykotoxinkontamination führen.

Die Mykotoxinbelastung von Lebens- und Futtermitteln kann durch Verarbeitungsschritte wie Sortierung, Reinigung, Mahlen, Brauen, Kochen, Backen, Einfrieren, Rösten, Frittieren, diverse Konservierungsmethoden sowie Extrusionsverfahren verringert werden. Verarbeitungsschritte mit hohen Temperaturen führen dabei meist zu einer besseren Reduktion von Mykotoxinen als eine Verarbeitung bei niedrigen Temperaturen (Bullermann und Bianchini, 2007). Der Effekt variiert allerdings je nach betrachtetem Toxin. Der ZEA-Gehalt von Maismehl konnte selbst nach zwölftägiger Erhitzung auf 110°C nicht signifikant gesenkt werden (Lauren und Smith, 2001). Erhitzen von Maisgrit für 44 h bei 150°C führte ebenso zu keiner Verringerung des ZEA-Gehaltes, während der ZEA-Gehalt von Weizenmehl nach Erhitzen für 1 h bei 150°C immerhin um 29% reduziert wurde. Dies konnte mit einer Erhöhung der Temperatur auf 200°C noch auf 69% Reduktion gesteigert werden (Bennett et al., 1980). ZEA kann zudem einen großen pH-Bereich tolerieren und ist bei pH 7 am stabilsten (Ryu et al., 2003). Auch DON und FUM sind sehr hitzestabil, beim Kochen von Nudeln aus natürlich kontaminiertem Hartweizen, können diese Toxine aber aufgrund ihrer Wasserlöslichkeit ausgeschwemmt werden (El-Sayed et al., 2003; Kushiro, 2008).

Inwieweit die industrielle Zuckergewinnung zur Reduktion von evtl. vorhandenen Mykotoxinen beitragen kann, ist noch nicht untersucht. Die Temperatur während der Saftgewinnung ist mit ca. 70°C (Asadi, 2006) allerdings zu niedrig, um DON oder ZEA zu reduzieren. Für DON ist eine Auswaschung vorstellbar, ZEA dagegen ist so gut wie unlöslich in Wasser. Von daher ist eine umfassende Reduktion dieses Toxins während der Verarbeitung eher unwahrscheinlich. Es ist vielmehr mit einer Konzentration in der zurückbleibenden Trockensubstanz zu rechnen. Die hohen ZEA-Werte, die Bosch und Mirocha (1992) nach der Verarbeitung in Zuckerrübenfasern gefunden haben (bis zu 4.650 µg/kg) und die hohe ZEA-

Konzentration (960 µg/kg) in Zuckerrübenschnitzeln, die zur Wiederkäuerfütterung bestimmt waren (Skrinjar et al., 1995), unterstützen diese Theorie.

Zuckerrüben basierte Futtermittel werden in erster Linie bei Wiederkäuern eingesetzt, einer Tiergruppe, die im Gegensatz zu Schweinen als relativ unempfindlich gegenüber ZEA gilt. Trotzdem gibt es Berichte, wonach es auch bei Kühen nach der Fütterung von hochbelasteten Futtermitteln zur Infertilität gekommen ist (Mirocha et al., 1968). Bosch und Mirocha (1992) schließen auf einen möglichen Zusammenhang zwischen Fertilitätsstörungen von Milchkühen und der Fütterung von ZEA-belasteten Zuckerrübenschnitzeln. Es ist daher erforderlich, den Verbleib von Mykotoxinen in unterschiedlichen Fraktionen (Feldrüben, Waschwasser, Dicksaft, Schnitzel, etc.) zu untersuchen. Durch die gezielte Inokulation von Zuckerrüben unter kontrollierten Bedingungen im Gewächshaus oder im Lager mit einzelnen *Fusarium* Arten kann hierfür ein natürlich kontaminiertes Substrat hergestellt werden. Durch ständige Probennahme kann dann der Einfluss einzelner Prozessierungschritte bestimmt werden.

5.5 Pathogenität von aus Zuckerrübe isolierten *Fusarium* spp. in Weizen

Vor allem nach Vorfrucht Mais werden hohe FHB-Befallsstärken und DON-Konzentrationen im nachgebauten Weizen gemessen, während andere Getreidearten als Vorfrucht ein mittleres Risiko darstellen und die Zuckerrübe als „Gesundfrucht" gilt (siehe Kapitel 1.3.1 Fusarium Head Blight in Weizen). Wie die folgenden Beispiele zeigen, treten verstärkter *Fusarium* Befall und erhöhte Mykotoxinkontaminationen aber auch nach Vorfrucht Zuckerrübe auf. So wurden in einer bundesweiten Felderhebung auf 970 Feldern in den Erntejahren 2003 bis 2005 vergleichbare DON-Konzentrationen nach den Vorfrüchten Winterweizen und Zuckerrübe bei nicht-wendender Bodenbearbeitung detektiert. Grenzwertüberschreitungen nach Vorfrucht Zuckerrübe wurden dabei in einem der drei Jahre gefunden. In diesem Jahr zeigten viermal mehr Proben mit Vorfrucht Zuckerrübe Werte oberhalb von 1.250 µg/kg als

Proben mit Vorfrucht Winterweizen (Weinert et al., 2007). In Fruchtfolgeversuchen in Bayern wurde zudem eine doppelt so hohe DON-Belastung des Weizens nach Vorfrucht Zuckerrübe im Vergleich zu den Vorfrüchten Weizen oder Gerste gefunden (Obst et al., 1997). Hecker et al. (2009) fanden in einigen Jahren verstärkten Befall mit *F. graminearum* nach Vorfrucht Zuckerrübe in der Schweiz, während im Rheinland ein verstärkter Befall mit *F. culmorum* beobachtet wurde (Lienemann, 2002). Im Jahr 2007 wurden sowohl in einer anfälligen als auch einer resistenten Weizensorte nach Vorfrucht Zuckerrübe deutliche Grenzwertüberschreitungen für DON gefunden, während dies in den zwei folgenden Versuchsjahren nicht beobachtet wurde (Gödecke und von Tiedemann, 2010).

Aufgrund der genannten Freilanderhebungen ist eine Brückenfunktion von Zuckerrüben bei der Infektion von Weizen mit FHB zu untersuchen. Burlakoti et al. (2007) haben in diesem Zusammenhang gezeigt, dass *F. graminearum* Isolate aus Zuckerrübe und Kartoffel auch im Weizen pathogen sind. In der vorliegenden Arbeit wurden neben *F. graminearum*, Zuckerrüben-Isolate weiterer Arten auf ihre Kreuzpathogenität in Weizen untersucht. Die Versuche wurden mit dem Sprühinokulationsverfahren durchgeführt, da dadurch die natürlichen Bedingungen (Landung von Sporen auf unverletztem Gewebe) besser nachgebildet werden als durch Punktinokulation (Injektion von Sporensuspension in einzelne Ährchen). So konnte gezeigt werden, dass die aus Zuckerrübe isolierten Fusarien aggressiv genug waren, um die pflanzlichen Barrieren (Walter et al., 2010) zu überwinden, und alle getesteten Isolate den Weizen zumindest endophytisch kolonisieren konnten. Der DI und der DON-Gehalt des *F. graminearum* Isolats aus Zuckerrübe waren dabei sogar höher als der des Weizenisolats. Auch Burlakoti et al. (2007) beobachteten, dass *F. graminearum* Isolate aus Zuckerrübe und Kartoffel nach künstlicher Inokulation mindestens die gleichen, wenn nicht sogar schwerere FHB-Symptome und höhere Mykotoxinkontamination in Weizen hervorriefen als Weizenisolate. Mit *F. culmorum*, *F. cerealis*, *F. equiseti* und *F. tricinctum* erwiesen sich

Zuckerrüben-Isolate von vier weiteren Spezies als pathogen in Weizen. Symptomausprägung, Befallsstärke und Befallshäufigkeit variierten dabei jedoch sehr stark.

F. culmorum war, genau wie *F. cerealis*, ein starker NIV-Produzent in Weizen. Der DI von *F. culmorum* wich zudem nicht signifikant vom DI des DON-produzierenden *F. graminearum* Isolats aus Weizen ab. Dies ist insofern interessant, als dass DON-Chemotypen allgemein als aggressiver beschrieben werden, als NIV-Chemotypen (Gang et al., 1998; Miedaner und Reinbrecht, 2001; Muthomi et al., 2000). Allerdings fanden auch Carter et al. (2002) keinen Unterschied der Symptomausprägung von DON- und NIV-produzierenden Isolaten in Weizen, während NIV-Produzenten deutlich aggressiver in Mais waren. DON gilt nicht als Pathogenitätsfaktor, da eine lokale Symptomausbildung auch bei *Tri5*-Knockout-Mutanten beobachtet werden kann, die weder *in vitro* noch *in planta* DON produzieren. Allerdings ist DON entscheidend für die systemische Ausbreitung und damit für die Aggressivität (Bai et al. (2001, 2002). Ob ein solcher Zusammenhang auch auf NIV übertragbar ist, wurde noch nicht untersucht, ist aufgrund der nahen Verwandtschaft der Toxine jedoch zu vermuten.

Die Symptome von *F. graminearum*, *F. culmorum* und *F. cerealis* entsprachen größtenteils denen, die klassischerweise für FHB beschrieben werden (siehe Kapitel 1.3.1 Fusarium Head Blight in Weizen). Zum sogenannten FHB-Komplex zählen aber alle Arten, die mehr oder weniger häufig von FHB-Ähren isoliert werden, darunter auch *F. equiseti*, *F. tricinctum* und *F. oxysporum* (Bottalico und Perrone, 2002). Die Bewertung von Feldstudien zur Artzusammensetzung wird dadurch erschwert, dass je nach Art unterschiedliche, mehr oder weniger ertragsrelevante Symptome zu erwarten sind. So zeigte *F. oxysporum* weder in der hier durchgeführten Arbeit, noch im einzigen bisher publizierten Pathogenitätstest (Wilcoxson et al., 1988) Symptome, die sich von denen der Kontrolle unterschieden. Und auch die unauffälligen, meist auf wenige Ährchen beschränkten Verbräunungen von *F. equiseti* und *F. tricinctum* unterschieden sich deutlich von den charakteristischen FHB-Symptomen, zumal keine Schrumpfkörner ausgebildet wurden. Dieser Effekt scheint nicht darauf zurückzuführen zu sein, dass hier Isolate aus Zuckerrübe verwendet wurden, da auch Kane et al. (1987), Vargo et al. (1981) und Fernandez und Chen (2005) ähnliche Beobachtungen bei der Inokulation mit Weizen-Isolaten dieser Spezies gemacht haben. *F. equiseti* und *F. tricinctum* wurden außerdem von Stack und McMullen (1985) sowie Wilcoxson et al. (1988) nach Punktinokulation als nur schwach pathogen eingeordnet, da nur die inokulierten Ährchen Symptome zeigten. Es ist auf der anderen Seite auch nicht zu erwarten, dass 17 unterschiedliche *Fusarium* spp. die gleichen Symptome verursachen. Von daher sollte darüber nachgedacht werden, nicht alle Fusarieninfektionen in Weizen mit dem gleichen Begriff zu bezeichnen, sondern den Symptomen Rechnung zu tragen. Weder der englische Begriff „Fusarium Head Blight" (to blight: engl. vernichten, verderben, zerstören) noch die „partielle Taubährigkeit" im Deutschen, beschreiben die dezenten Symptome, die u.a. von *F. equiseti* oder *F. tricinctum* verursacht werden. FHB sollte dementsprechend Arten wie *F. graminearum*, *F. culmorum*, *F. cerealis* und *F. avenaceum* vorbehalten werden, die wirklich „vernichtende" Auswirkungen auf die Ähre haben bzw. zum Ausbleichen großer Teile führen.

Diese Verallgemeinerung von *Fusarium* Infektion und FHB kann dazu führen, dass die Frequenz von *Fusarium* spp., die weniger offensichtliche Symptome verursachen oder endophytisch im Weizen vorkommen, nicht korrekt bestimmt wird. Beim Monitoring im Feld bzw. bei der Untersuchung des im Weizen vorkommenden Artspektrums werden häufig nur typische FHB-Ähren verwendet. Tóth (1997) berichtet, dass sich das Artspektrum signifikant unterschied, je nachdem, ob Ähren zufällig oder aber gezielt auf FHB-Symptome hin ausgewählt wurden. Aus ertragsrelevanter Sicht mag die Konzentration auf typische FHB-Symptome durchaus berechtigt sein. Zumal das Monitoring anderer Arten sehr schwierig und arbeitsintensiv ist, da meist nur einzelne Ährchen pro Pflanze betroffen sind und die Symptome, wie hier im Fall von *F. equiseti* und *F. tricinctum*, manchmal nur nach Umbiegen der Hüllspelzen sichtbar werden. Andererseits muss aber beachtet werden, dass auch diese

Arten zur Mykotoxinkontamination des Ernteguts beitragen können. Im Fall von *F. poae* wurden trotz geringer Symptomausprägung immerhin bis zu 4.860 µg/kg NIV gemessen (Vogelgsang et al., 2008). Auch in der vorliegenden Arbeit wiesen die Körner von cv. ‚Kadrilj' nach Ähreninokulation mit *F. tricintum* oder *F. equiseti* 1.650 µg/kg MON und 4.820 µg/kg ENNI B1 bzw. 634 µg/kg NIV und 3.891 µg/kg EQUI auf.

Mykotoxine wie NIV oder MON sind hochtoxisch (siehe Kapitel 1.2.1 *Fusarium* Mykotoxine), von daher sollte verhindert werden, dass diese – im wahrsten Sinne des Wortes – unkontrolliert in die Nahrungskette gelangen. Einziges Anzeichen der ansonsten gesund-aussehenden Körner war ein erhöhter Anteil an Black Point-Körnern. Black Point tritt nicht nur im Zusammenhang mit *Fusarium* auf, sondern wurde u.a. auch im Zusammenhang mit *Alternaria* spp. und *Cochliobolus sativus* (anamorph *Helminthosporium sativum*, syn. *Bipolaris sorokiniana*) sowie hoher Luftfeuchtigkeit beschrieben (Clarke et al., 2004; Conner et al., 1989; Fernandez et al., 2000; Hanson und Christensen, 1953; Machacek und Greaney, 1938). Da Black Point keinen negativen Einfluss auf die Backeigenschaften hat (Lorenz, 1986), wird dieses Symptom in erster Linie als ästhetisches Problem angesehen. In Black Point Körnern von cv. ‚Tybalt' wurden jedoch 3,4 - 14,5 mal höhere Mykotoxingehalte gemessen als in symptomlosen infizierten Körnern. Auch bei *F. proliferatum* und *F. avenaceum* infizierten Weizenkörnern wurden im Zusammenhang mit Black Point deutlich höhere Mengen an FUM bzw. MON gefunden (Desjardins et al., 2007; Golinski et al., 1996). Das Aussortieren von Black Point Körnern vor der Verarbeitung könnte daher dazu beitragen, den Gehalt an Mykotoxinen im Endprodukt zu verringern. Als Beispiel sei das Aussortieren von „scabby kernels" genannt, durch das der DON-Gehalt in Weizen um 6 – 19% gesenkt werden kann (Abbas et al., 1985). Allerdings muss beachtet werden, dass auch symptomlose, mit *F. equiseti* oder *F. tricinctum* infizierte Körner Gehalte von 490 µg/kg NIV und 560 µg/kg MAS bzw. 4.000 µg/kg ENNI A1und 380 µg/kg 2-AOD-3-ol aufwiesen. Es muss daher damit gerechnet werden, dass diese Toxine bei der Getreideverarbeitung nicht oder nur zum Teil entfernt werden und so unbemerkt in Lebensmitteln auftreten können. Black Point könnte dazu dienen, einzelne Partien zu kennzeichnen, um diese dann gezielt auf das Vorkommen von z.B. NIV zu untersuchen.

5.6 *Fusarium* in Weizen-Zuckerrüben-Fruchtfolgen

In der vorliegenden Arbeit konnte gezeigt werden, dass eine Übertragung von unterschiedlichen *Fusarium* spp. aus Zuckerrüben auf den nachgebauten Weizen zumindest unter Gewächshausbedingungen möglich ist. Ob Ernterückstände (Abbildung 5, S. 110) unter Praxisbedingungen als Inokulumquelle für FHB dienen, muss untersucht werden. Bei Zuckerrüben wurde, wie oben beschrieben, mit zunehmender Lagerdauer ein verstärkter Befall mit *F. culmorum*, *F. cerealis* und *F. graminearum* festgestellt. Zuckerrübenernterückstände sind theoretisch nichts anderes als langfristig-gelagertes, verletztes Zuckerrübengewebe, sodass durchaus mit dem Vorkommen der gleichen Spezies gerechnet werden kann. Dies ist bisher allerdings nur eine Hypothese.

Unter kontrollierten Bedingungen kann eine Quantifizierung der asexuellen und (falls vorhanden) sexuellen Vermehrungseinheiten und damit ein Vergleich mit der Besiedlung von Zuckerrübenernterückständen sowie Weizen- und Maisstroh erfolgen. Ein direkter Zusammenhang zwischen Zuckerrübenernterückständen und FHB-Befallsstärke bzw. Mykotoxinkontamination der folgenden Weizenkultur kann nur durch die Anlage von Feldversuchen untersucht werden. In Mitteleuropa sind diese aber mit einem hohen Unsicherheitsfaktor verbunden, da die Inokulumproduktion und Ähreninfektion von vielen unterschiedlichen Variablen abhängig ist (siehe Kapitel 1.3.1 Fusarium Head Blight in Weizen). Dementsprechend wechseln sich Befallsjahre mit Nicht-Befallsjahren ab. So konnten Koch et al. (2006) zwar statistisch signifikant geringere DON-Gehalte nach Vorfrucht Zuckerrübe im Vergleich zu Winterweizen nachweisen, aufgrund des niedrigen

Befallsniveaus (im Jahr 2001 lag die Hälfte aller DON-Werte unterhalb der Nachweisgrenze), ist die Aussagekraft solcher Ergebnisse aber eingeschränkt.

Abbildung 5: Zuckerrübenernterückstände nach nicht-wendender Bodenbearbeitung. (A) nach Aussaat der nachfolgenden Weizenkultur, (B) nach Auflaufen des Weizens, (C) und (D) im Frühjahr (Photos D. Christ).

Die Mykotoxinanalyse des inokulierten Weizens hat deutlich gezeigt, dass neben DON auch andere Toxine, wie z.B. NIV, FUS X, MON und ENNI, in sehr hohen Konzentrationen vorkommen. Bei der Untersuchung von Vorfruchteffekten sollten auch diese Toxine, die zum Teil toxikologisch weitaus bedenklicher sind (siehe Kapitel 1.2.1 *Fusarium* Mykotoxine) untersucht werden.

Sollte in Feldversuchen ein Zusammenhang zwischen Zuckerrübenernterückständen und dem Auftreten von FHB bzw. der Mykotoxinkontamination des nachgebauten Weizens nachgewiesen, könnte durch Änderung der Erntetechnik die Menge an Ernterückständen und damit an möglichem Inokulum reduziert werden. Nach der Ernte verbleiben bei herkömmlicher Erntetechnik ungefähr drei Tonnen an Ernterückständen (Köpfe, ganze Rüben und Wurzelbruchstücke) auf dem Feld (Hanse und Tijink, 2008). Der Düngewert von Rübenköpfen ist jedoch relativ gering (Thomsen und Christensen, 1996; Widdowson, 1974). Eine Tonne Zuckerrübenköpfe (bezogen auf die Trockensubstanz) ersetzt nur ca. 15 kg Mineral-N-Dünger (Abshahi et al., 1984). Ernterückstände könnten daher auch abgefahren und alternativ als Tierfutter oder Substrat für die Biogaserzeugung verwendet werden, um so das potentielle Inokulum auf dem Feld zu verringern. Eine weitere Möglichkeit wäre, das Entstehen von umfangreichen Ernterückständen von Anfang an zu vermeiden. Dies ist auch in Hinblick auf die *Fusarium* Besiedlung von Zuckerrüben zu untersuchen. Bugbee schlug bereits 1982 vor, auf das traditionelle Köpfen von Zuckerrüben zu verzichten, um so Verletzungen und damit Eintrittspforten für saprotrophe Pilze und Zuckerverluste zu verringern. Typische Lagerfäuleerreger sind neben *Fusarium* auch die mykotoxinproduzierenden Gattungen *Aspergillus* und *Penicillium*. Da es, wie oben geschildert, einen Zusammenhang zwischen Lagerfäule und Mykotoxinkontamination von Zuckerrüben zu geben scheint, könnte der Verzicht auf das Köpfen die Qualität der Zuckerrübe in dieser Hinsicht möglicherweise positiv beeinflussen. Es ist zu untersuchen, ob so die qualitativen Nachteile von entblätterten Zuckerrüben ausgeglichen werden können.

6. Zusammenfassung

Fusarium spp. können Zuckerrüben in allen Entwicklungsstadien und im Lager befallen. Vor allem in den USA werden durch „Fusarium Yellows" hohe Verluste im Rüben- und Weißzuckerertrag durch *Fusarium* spp. verursacht. Aber auch in Deutschland und anderen Teilen Europas werden *Fusarium* spp. häufig aus Rübenfäulen isoliert. Es gibt aber nicht nur pathogene Fusarien, sondern auch andere Lebensformen. Bei der Beurteilung der Ursache von Rübenfäulen müssen dementsprechend Primärpathogene von Endophyten und Saprobionten unterschieden werden. Im Rahmen eines zweijährigen Feldversuchs an zwei Standorten in Süd-Niedersachsens wurde das Vorkommen von *Fusarium* spp. in erntefrischen und gesund-erscheinenden Zuckerrüben untersucht. Durch unterschiedliche Lagerungsbedingungen wurde der Einfluss der Lagerdauer auf den saprotrophen Befall dargestellt. Dabei wurden aus durchschnittlich 12,7% der untersuchten Rüben Fusarien isoliert. In erntefrischen Rüben wurde am häufigsten *F. redolens* detektiert, während aus langfristig gelagerten Rüben vor allem *F. culmorum*, *F. cerealis* und *F. graminearum* isoliert werden konnten. Isolate der insgesamt 13 bestimmten *Fusarium* spp. wurden im Gewächshaus auf ihre Pathogenität an Zuckerrüben getestet. Dabei zeigten nur einige mit *F. graminearum* und *F. sambucinum* inokulierte Pflanzen Symptome, die mit denen eines amerikanischen „Fusarium Yellows"-Isolats vergleichbar waren. Dadurch wurde die Hypothese bestätigt, dass Fusarien auch als Endophyten in gesunden Zuckerrüben vorkommen. Ausgewählte Isolate aller im Feldversuch gefundenen Arten wurden in Reis angezogen und auf ihre potentielle Mykotoxinproduktion hin untersucht. Neben A- und B-Trichothecenen, Zearalenon und Fumonisinen wurden unter anderem auch Beauvericin, Moniliformin und Enniatine gefunden. Letztere wurden vor allem durch die häufig aus erntefrischen Rüben isolierte Art *F. redolens* produziert. Die Bedeutung einer möglichen Mykotoxinkontamination von Zuckerrüben wird diskutiert.

Zudem wurde die Übertragbarkeit von *Fusarium* über die Fruchtfolgeglieder Zuckerrübe und Weizen untersucht. In Gewächshausversuchen wurde Weizen mit Isolaten der sieben am häufigsten aus Zuckerrübe isolierten *Fusarium* spp. inokuliert. Zusätzlich zu der bereits beschriebenen Pathogenität von *F. graminearum* erwiesen sich mit *F. culmorum*, *F. cerealis*, *F. equiseti* und *F. tricinctum* Zuckerrüben-Isolaten von vier weiteren *Fusarium* spp. als pathogen in Weizen. Während *F. graminearum*, *F. culmorum* und *F. cerealis* klassische „Fusarium Head Blight"-Symptome verursachten, waren *F. equiseti* und *F. tricinctum* deutlich weniger aggressiv. Dafür zeigten die Körner von Pflanzen, die mit diesen Arten inokuliert wurden einen erhöhten Anteil an „Black Point". Die Analyse ergab, dass „Black Point"-Körner deutlich mehr Mykotoxine enthielten als symptomlose infizierte Körner. Die Zuckerrüben-Isolate von *F. graminearum*, *F. culmorum* und *F. cerealis* dagegen sorgten für eine hohe Kontamination mit Deoxynivalenol, Nivalenol und deren acetylierten Derivaten. Aufgrund dieser Untersuchungen kann keine Aussage darüber getroffen werden, ob Zuckerrübenernterückstände als Inokulumquelle dienen. Im Rahmen der Fruchtfolge muss aber beachtet werden, dass auch Zuckerrüben von *Fusarium* spp. kolonisiert werden, die in Weizen pathogen sind und zur Mykotoxinbildung führen können.

7. Literaturverzeichnis

Abada, K. A. 1994: Fungi causing damping-off and root-rot on sugar-beet and their biological control with *Trichoderma harzianum*. Agric. Ecosyst. Environ. **51**:333-337.

Abbas, H. K., Mirocha, C. J., Pawlosky, R. J., Pusch, D. J. 1985: Effect of cleaning, milling, and baking on deoxynivalenol in wheat. Appl. Environ. Microbiol. **50**:482-486.

Abbas, H. K., Ocamb, C. M., Xie, W. P., Mirocha, C. J., Shier, W. 1995: First report of fumonisin B1, B2, and B3 produced by *Fusarium oxysporum* var. *redolens*. Plant Dis. **79**:968.

Abshahi, A., Hills, F. J., Broadbent, F. E. 1984: Nitrogen utilization by wheat from residual sugarbeet fertilizer and soil incorporated sugarbeet tops. Agron. J. **76**:954-958.

Alabouvette, C., Olivain, C., Migheli, Q., Steinberg, C. 2009: Microbiological control of soil-borne phytopathogenic fungi with special emphasis on wilt-inducing *Fusarium oxysporum*. New Phytol. **184**:529-544.

Allen, N. K., Burmeister, H. R., Weaver, G. A., Mirocha, C. J. 1981: Toxicity of dietary and intravenously administered moniliforrnin to broiler chickens. Poultry Sci. **60**:1415-1417.

Anonymus 2005: Verordnung (EG) Nr. 856/2005 der Kommission vom 6. Juni 2005 zur Änderung der Verordnung (EG) Nr. 466/2001 in Bezug auf Fusarientoxine. Amtsblatt der Europäischen Union L 143 vom 07.06.2005, 3-8.

Anonymus 2006a: Empfehlung der Kommission vom 17. August 2006 betreffend das Vorhandensein von Deoxynivalenol, Zearalenon, Ochratroxin A, T-2 und HT-2 Toxin sowie von Fumonisinen in zur Verfütterung an Tiere bestimmten Erzeugnissen (2006/576/EG). Amtsblatt der Europäischen Union L 229 vom 23.08.2006, 7-9.

Anonymus 2006b: Empfehlung der Kommission vom 17. August 2006 zur Prävention und Reduzierung von Fusarientoxinen in Getreide und Getreideprodukten. Amtsblatt der Europäischen Union L 234 vom 29.08.2006, 35-40.

Anonymus 2007a: Verordnung (EG) Nr. 1126/2007 der Kommission vom 28. September 2007 zur Änderung der Verordnung (EG) Nr. 1881/2006 zur Festsetzung der Höchstgehalte für bestimmte Kontaminanten in Lebensmitteln hinsichtlich Fusarientoxinen in Mais und Maiserzeugnissen. Amtsblatt der Europäischen Union L255 vom 29.9.2007, 14-17.

Anonymus 2007b: Fusariumfäule in Rüben. top agrar. **8/2007**:40.

Asadi, M. 2006: Beet-sugar handbook. John Wiley & Sons, Hoboken.

Asher, M. J. C., Hanson, L. E. 2006: Fungal and bacterial diseases. In: Dracott, A. P. (Hrsg.): Sugar beet. Blackwell Publishing, Oxford, 286-315.

Baayen, R. P., van den Boogert, P. H. J. F., Bonants, P. J. M., Poll, J. T. K., Blok, W. J., Waalwijk, C. 2000: *Fusarium redolens* f. sp. *asparagi*, causal agent of asparagus root rot, crown rot and spear rot. Eur. J. Plant Pathol. **106**:907-912.

Baayen, R. P., O'Donnell, K., Breeuwsma, S., Geiser, D. M., Waalwijk, C. 2001: Molecular relationships of fungi within the *Fusarium redolens–F. hostae* clade. Phytopathology **91**:1037-1044.

Bacon, C. W., Glenn, A. E., Yates, I. E. 2008: *Fusarium verticillioides*: Managing the endophytic association with maize for reduced fumonisins accumulation. Toxin Rev. **27**:411-446.

Bai, G.-H., Plattner, R., Desjardins, A., Kolb, F. 2001: Resistance to fusarium head blight and deoxynivalenol accumulation in wheat. Plant Breed. **120**:1-6.

Bai, G.-H., Desjardins, A. E., Plattner, R. D. 2002: Deoxynivalenol-nonproducing *Fusarium graminearum* causes initial infection, but does not cause disease spread in wheat spikes. Mycopathologia **153**:91-98.

Bechtel, D. B., Kaleikau, L. A., Gaines, R. L., Seitz, L. M. 1985: The effects of *Fusarium graminearum* infection on wheat kernels. Cereal Chem. **62**:191-197.

Bennett, G. A., Shotwell, O. L., Hesseltine, C. W. 1980: Destruction of zearalenone in contaminated corn. J. Am. Oil Chem. Soc. **57**:245-247.

Bennett, J. W. 1987: Mycotoxins, mycotoxicoses, mycotoxicology and *Mycopathologia*. Mycopathologia **100**:3-5.

Bennett, J. W., Klich, M. 2003: Mycotoxins. Clin. Microbiol. Rev. **16**:497-516.

Bosch, U., Mirocha, C. J. 1992: Toxin production by *Fusarium* species from sugar beets and natural occurrence of zearalenone in beets and beet fibers. Appl. Environ. Microbiol. **58**:3233-3239.

Bosch, U., Mirocha, C. J., Wen, Y. 1992: Production of zearalenone, moniliformin and trichothecenes in intact sugar beets under laboratory conditions. Mycopathologia **119**:167-173.

Bottalico, A., Logrieco, A., Visconti, A., 1989: *Fusarium* species and their mycotoxins in infected corn in Italy. Mycopathologia **107**:85-92.

Bottalico, A., Perrone, G. 2002: Toxigenic *Fusarium* species and mycotoxins associated with head blight in small-grain cereals in Europe. Eur. J. Plant Pathol. **108**:611-624.

Buerstmayr, H., Ban, T., Anderson, J. 2009: QTL mapping and marker assisted selection for Fusarium head blight resistance in wheat–A review. Plant Breed. **128**:1-26.

Bugbee, W. M. 1982: Storage rot of sugar beet. Plant Dis. **66**:871-873.

Bullerman, L. B., Bianchini A. 2007: Stability of mycotoxins during food processing. Int. J. Food Microbiol. **119**:140-146.

Burgess, L. W. 1981: General ecology of the Fusaria. In: Nelson, P. E., Toussoun, T. A., Cook, R. J. (Hrsg.). Fusarium: Diseases, biology, and taxonomy. The Pennsylvania State University Press, University Park, 225-235.

Burlakoti, P., Rivera, V. V., Nelson, R., Secor, G. A., Kahn, M. F. R. 2006: Identification of *Fusarium* spp. causing yellows of sugarbeet. APS North Central Division Meeting, 13.-15.06.2006, Fargo, North Dakota, USA.

Burlakoti, R. R., Estrada Jr., R., , Rivera, V. V., Boddeda, A., Secor, G. A., Adhikari, T. B. 2007: Real-time PCR quantification and mycotoxin production of *Fusarium graminearum* in wheat inoculated with isolates collected from potato, sugar beet and wheat. Phytopathology **97**:835-841.

Burlakoti, R. R., Ali, S., Secor, G. A., Neate, S. M., McMullen, M. P., Adhikari, T. B. 2008: Comparative mycotoxin profiles of *Gibberella zeae* populations from barley, wheat, potatoes, and sugar beets. Appl. Environ. Microbiol. **74**:6513-6520.

Burmeister, H. R., Ciegler, A., Vesonder, R. F. 1979: Moniliformin, a metabolite of *Fusarium moniliforme* NRRL 6322: Purification and toxicity. Appl. Environ. Microbiol. **37**:11-13.

Bushnell, W. R., Hazen, B. E., Pritsch, C. 2003: Histology and physiology of fusarium head blight. In: Leonard, K. J., Bushnell, W. R. (Hrsg.): Fusarium Head Blight of Wheat and Barley. APS Press, St. Paul, 44-83.

Carter, J. P., Rezanoor, H. N., Holden, D., Desjardins, A. E., Plattner, R. D., Nicholson, P. 2002: Variation in pathogenicity associated with the genetic diversity of *Fusarium graminearum*. Eur. J. Plant Pathol. **108**:573-583.

Chang, D. C., Grant, G. B., O'Donnell, K., Wannemuehler, K. A., Noble-Wang, J., Rao, C. Y., Jacobson, L. M., Crowell, C. S., Sneed, R. S., Lewis, F. M., Schaffzin, J. K., Kainer, M. A., Genese, C. A., Alfonso, E. C., Jones, D. B., Srinivasan, A., Fridkin, S. K., Park, B. J. 2006: Multistate outbreak of Fusarium keratitis associated with use of a contact lens solution. JAMA **296**:953-963.

Chang, T.-Y., Li, B.-L., Chang, C. C. Y., Urano, Y. 2009: Acyl-coenzyme A:cholesterol acyltransferases. Am. J. Physiol. Endocrinol. Metab. **297**:E1-E9.

Chi, M. S., Mirocha, C. J., Weaver, G. A., Kurtz, H. J. 1980: Effect of zearalenone on female white leghorn chickens. Appl. Environ. Microbiol. **39**:1026-1030.

Christ, D., Varrelmann, M. 2010: *Fusarium* in Zuckerrüben. Sugar Industry/Zuckerind. **135**:Sonderheft 9 Göttinger Zuckerrübentagung, 63-72.

Christensen, C. M., Kaufmann, H. H. 1969: Grain storage: The role of fungi in quality loss. University of Minnesota Press, Minneapolis.

Clarke, M. P., Gooding, M. J., Jones, S. A. 2004: The effects of irrigation, nitrogen fertilizer and grain size on Hagberg falling number, specific weight and blackpoint of winter wheat. J. Sci. Food Agric. **84**:227-236

Cole, D. F., Bugbee, W. M. 1976: Changes in resident bacteria, pH, sucrose, and invert sugar levels in sugarbeet roots during storage. Appl. Environ. Microbiol. **31**:754-757.

Conner, R. L. 1989: Influence of irrigation and precipitation on incidence of black point in soft white spring wheat. Can. J. Plant Pathol. **11**:388-392.

Croft, B. J. 2000: Fusarium set or stem rot. In: Rott, P., Bailey, R. A., Comstock, J. C., Croft, B., Saumtally, S. (Hrsg.): A guide to sugarcane diseases. CIRAD/ISSCT Montpellier, 107-110.

De Nijis, M., Soentoro, P., Delfgou-Van Asch, E., Kamphuis, H., Rombouts, F. M., Notermans, S. H. W. 1996: Fungal infection and presence of deoxynivalenol and zearalenone in cereals grown in The Netherlands. J. Food Prot. **59**:772-777.

Desjardins, A. E. 2006: *Fusarium* mycotoxins: Chemistry, genetics and biology. APS Press, St. Paul.

Desjardins, A. E., Hohn, T. M., McCormick, S. P. 1993: Trichothecene biosynthesis in *Fusarium* species: Chemistry, genetics, and significance. Microbiol. Rev. **57**:595-604.

Desjardins, A. E., Plattner, R. D., Lu, M., Claflin, L. E. 1998: Distribution of fumonisins in maize ears infected with strains of *Fusarium moniliforme* that differ in fumonisin production. Plant Dis. **82**:953-958.

Desjardins, A. E., Manandhar, G., Plattner, R. D., Maragos, C. M., Shrestha, K., McCormick, S. P. 2000: Occurrence of *Fusarium* species and mycotoxins in Nepalese maize and wheat and the effect of traditional processing methods on mycotoxin levels. J. Agric. Food Chem. **48**:1377-1383.

Desjardins, A. E., Jarosz, A. M., Plattner, R. D., Alexander, N. J., Brown, D. W., Jurgenson, J. E. 2004: Patterns of trichothecene production, genetic variability, and virulence to wheat of *Fusarium graminearum* from smallholder farms in Nepal. J. Agric. Food Chem. **52**:6341-6346.

Desjardins, A. E., Busman, M., Proctor, R. H., Stessman, R. 2007: Wheat kernel black point and fumonisin contamination by *Fusarium proliferatum*. Food Addit. Contam. **24**:1131-1137.

Dill-Macky, R., Jones, R. K. 2000: The effect of previous crop residues and tillage on fusarium head blight of wheat. Plant Dis. **84**:71-76.

Di Pietro, A., Madrid, M. P., Caracuel, Z,. Delgado-Jarana, J., Roncero, M. I. G. 2003: *Fusarium oxysporum*: Exploring the molecular arsenal of a vascular wilt fungus. Mol. Plant Pathol. **4**:315-325.

Domsch, K. H., Gams, W., Anderson, T.-H. 1980: Compendium of soil fungi. Academic Press, London.

Doohan, F. M., Brennan, J., Cooke, B. M., 2003: Influence of climatic factors on *Fusarium* species pathogenic to cereals. Eur. J. Plant Path. **109**:755-768.

Dornetshuber, R., Heffeter, P., Kamyar, M.-R., Peterbauer, T., Berger, W., Lemmens-Gruber, R. 2007: Enniatin exerts p53-dependent cytostatic and p53-independent cytotoxic activities against human cancer cells. Chem. Res. Toxicol. **20**:465-473.

Edwards, S. G. 2004: Influence of agricultural practices on fusarium infection of cereals and subsequent contamination of grain by trichothecene mycotoxins. Toxicol. Lett. **153**:29-35.

El-Sayed, A. M. A. A., Soher, E. A., Sahab, A. F. 2003: Occurrence of certain mycotoxins in corn and corn-based products and thermostability of fumonisin B_1 during processing. Food/Nahrung **47**:222-225.

Fernandez, M. R., Clarke, J. M., DePauw, R. M., Irvine, R. B., Knox, R. E. 2000: Black point reaction of durum and common wheat cultivars grown under irrigation in southern Saskatchewan. Plant Dis.. **84**:892-894.

Fernandez, M. R., Chen, Y. 2005: Pathogenicity of *Fusarium* species on different plant parts of spring wheat under controlled conditions. Plant Dis. **89**:164-169.

Fernando, W. G. D., Miller, J. D., Seaman, W. L., Seifert, K., Paulitz, T. C. 2000: Daily and seasonal dynamics of airborne spores of *Fusarium graminearum* and other *Fusarium* species sampled over wheat plots. Can. J. Bot. **78**:497-505.

Fink-Gremmels, J., Malekinejad, H. 2007: Clinical effects and biochemical mechanisms associated with exposure to the mycoestrogen zearalenone, Anim. Feed Sci. Technol. **137**:326-341.

Fisher, G. A., Gerik, J. S. 1994: Genetic diversity of *Fusarium oxysporum* isolates pathogenic to sugar beets. Phytopathology **84**:1098.

Forsell, J. H., Pestka, J. J. 1985: Relation of 8-ketotrichothecene and zearalenone analog structure to inhibition of mitogen-induced human lymphocyte blastogenesis. Appl. Environ. Microbiol. **50**:1304-1307.

Frisvad, J. C., Thrane, U., Samson, R. A., Pitt, J. I. 2006: Important mycotoxins and the fungi which produce them. Advances in Food Mycology **571**:3-31.

Futerman, A. H., Hannun, Y. A. 2004: The complex life of simple sphingolipids. EMBO reports **5**:777-782.

Gang, G., Miedaner, T., Schuhmacher, U., Schollenberger, M., Geiger, H. H. 1998: Deoxynivalenol and nivalenol production by *Fusarium culmorum* isolates differing in aggressiveness toward winter rye. Phytopathology **88**:879-884.

Gäumann, E., Roth, S., Ettlinger, L., Plattner, P. A., Nager, U. 1947: Enniatin, ein neues, gegen Mykobakterien wirksames Antibiotikum. Cell. Mol. Life Sci. **3**:202-203.

Gerlach, W., Pag, H. 1961: *Fusarium redolens* Wr., seine phytopathologische Bedeutung und eine an *Dianthus*-Arten gefäßparasitäre Form (*F. redolens* Wr. f. *dianthi* Gerlach). J. Phytopath. **42**:349-361.

Gerlach, W., Nirenberg, H. 1982: The genus *Fusarium* - A pictorial atlas. Mitteilungen aus der Biologischen Bundesanstalt für Land- und Forstwirtschaft, Berlin-Dahlem, Heft 209.

Gödecke, R., von Tiedemann, A. 2010: Einfluss der Vorfrucht auf das Fusarium-Spektrum und die Mykotoxinkontamination in Körnern von Winterweizen. Sugar Industry/Zuckerind. **135**:Sonderheft 9 Göttinger Zuckerrübentagung, 73-78.

Gordon, T. R., Martyn, R. D. 1997: The evolutionary biology of *Fusarium oxysporum*. Annu. Rev. Phytopathol. **35**:111-28.

Golinski, P., Kosteckt, M., Lasocka, I., Wisniewska, H., Chelkowski, J., Kaczmarek, Z. 1996: Moniliformin accumulation and other effects of *Fusarium avenaceum* (Fr.) Sacc. on kernels of winter wheat cultivars. J. Phytopath. **144**:495-499.

Greenhalgh, R., Neish G. A., Miller, J. D. 1983: Deoxynivalenol, acetyl deoxynivalenol, and zearalenone formation by Canadian isolates of *Fusarium graminearum* on solid substrates. Appl. Environ. Microbiol. **46**:625-629.

Gregory, P. H., Guthrie, E. J., Bunce, M. E 1959: Experiments on splash dispersal of fungus spores. J. Gen. Microbiol. **20**:328-354.

Gross, D. C., Leach, L. D. 1973: Stalk blight of sugarbeet seed crops caused by *F. oxysporum* f. sp. *betae*. Phytopathology **63**:1216.

Grove, J. F. 1993: Macrocyclic trichothecenes Nat. Prod. Rep. **10**:429-448.

Grove, J. F., Pople, M. 1980: The insecticidal activity of beauvericin and the enniatin complex. Mycopathologia **70**:103-105.

Gupta, S., Krasnoff, S. B., Underwood, N. L., Renwick, J. A. A., Roberts, D. W. 1991: Isolation of beauvericin as an insect toxin from *Fusarium semitectum* and *Fusarium moniliforme* var. *subglutinans*. Mycopathologia **115**:185-189.

Halloin, J. M., Roberts, D. L. 1991: A parasitic storage rot of sugar beets caused by *Aspergillus fumigatus*. Plant Dis. **75**:751.

Hanse, B. Tijink, F. 2008: Pak de verborgen oogstkosten aan. Cosun Magazin **7/2008**:12.

Hanson, E. W., Christensen, J. J. 1953: The black point disease of wheat in the United States. Tech. Bull. Minn. Agric. Exp. Sta. 206.

Hanson, L. E. 2006a: First report of *Fusarium* yellows of sugar beet caused by *F. oxysporum* in Michigan. Plant Dis. Vol. **90**:1554.

Hanson, L. E. 2006b: *Fusarium* yellowing of sugar beet caused by *Fusarium graminearum* from Minnesota and Wyoming. Plant Dis. **90**:686.

Hanson, L. E., Hill, A. L. 2004: *Fusarium* species causing *Fusarium* yellows of sugarbeet. J. Sugar Beet Res. **41**:163-178.

Hanson, L. E., Jacobsen, B. J. 2006: Beet root-rot inducing isolates of *Fusarium oxysporum* from Colorado and Montana. Plant Dis. **90**:247.

Hanson, L. E., Lewellen, R. T. 2007: Stalk rot of sugar beet caused by *Fusarium solani* on the Pacific coast. Plant Dis. **91**:1204.

Hanson, L. E., Hill, A. L., Jacobsen, B. J., Panella, L. W. 2009: Response of sugar beet lines to different *Fusarium oxysporum* f. sp. *betae* isolates from the United States. J. Sugar Beet Res. **46**:11-26.

Hanson, L. E., Jacobsen, B. J. 2009: *Fusarium* Yellows. In: Harveson, R. M., Hanson, L. E., Hein, G. L. (Hrsg.): Compendium of Beet Diseases and Pests, 2. Edition. APS Press, St. Paul 28-29.

Hanson, L. E., McGrath, J. M. 2009: Seedling disease resistance screening assays. Proc. 35th Biennial Meeting Am. Soc. Sugar-beet Technol., Orlando, USA, J. Sugar Beet Res. **46**:99-100.

Harveson, R. M. 2009: *Fusarium* root rot. In: Harveson, R. M., Hanson, L. E., Hein, G. L. (Hrsg.): Compendium of Beet Diseases and Pests, 2. Edition. APS Press, St. Paul, 30-31.

Harveson, R. M., Rush, C. M. 1997: Genetic variation among *Fusarium oxysporum* isolates from sugar beet as determined by vegetative compatibility. Plant Dis. **81**:85-88.

Harveson, R. M., Rush, C. M. 1998: Characterization of *Fusarium* root rot isolates from sugar beet by growth and virulence at different temperatures and irrigation regimes. Plant Dis. **82**:1039-1042.

Hecker, A., Vogelgsang, S., Wettstein, F., Forrer, H. R. 2009: Befall einiger Winterweizensorten durch *Fusarium*-Arten. Agrarforschung **16**:244-249.

Hidy, P. H.., Baldwin, R. S., Greasham, R. L., Keith, C. L., Mcmullen, J. R. 1977: Zearalenone and some derivatives: Production and biological activities. Adv. Appl. Microbiol. **22**:59-82.

Hillmann, U., Schlösser, E. 1987: *Fusarium oxysporum* f. sp. *betae* als Erreger von Umfallkrankheit und Hypocotylfäule an Zuckerrüben. Gesunde Pflanzen **39**:78-83.

Hoffmann, G. M., Nienhaus, F., Poehling, H. M., Schönbeck, F., Weltzien, H. C., Wilbert, H. 1994: Lehrbuch der Phytomedizin. Blackwell Verlag, Berlin.

Hyde, K. D., Soytong, K. 2008: The fungal endophyte dilemma. Fungal Divers. **33**:163-173.

Jacobsen, B. J. 2006: Root rot diseases of sugar beet. Nat. Sci., Matica Srpska Novi Sad **110**:9-19.

Jacobsen, B. 2007: Pathologist urges considering sugarbeet disease resistance before ordering seed. Montana State University News Service. URL: http://www.montana.edu/cpa/news/nwview.php?article=5427, 01.05.2010.

Jansen, C., von Wettstein, D., Schäfer, W., Kogel, K.-H., Felk, A., Maier, F. J. 2005: Infection patterns in barley and wheat spikes inoculated with wild-type and trichodiene synthase gene disrupted *Fusarium graminearum*. Proc. Natl. Acad. Sci. **102**:16892-16897.

Jennings, P., Coates, M. E., Turner, J. A., Chandler, E. A. Nicholson, P. 2004: Determination of deoxynivalenol and nivalenol chemotypes of *Fusarium culmorum* isolates from England and Wales by PCR assay. Plant Pathol. **53**:182-190.

Jeschke, P., Benet-Buchholz, J., Harder, A., Etzel, W., Schindler, M., Thielking, G. 2003: Synthesis and anthelmintic activity of cyclohexadepsipeptides with (S,S,S,R,S,R)-configuration. Bioorg. Medicinal Chem. Lett. **13**:3285-3288.

Jestoi, M. 2008: Emerging *Fusarium*-mycotoxins fusaproliferin, beauvericin, enniatins, and moniliformin – A review. Crit. Rev. Food Sci. Nutr. **48**:21-49.

Jestoi, M., Kokkonen, M., Uhlig, S. 2009: What about the 'other' *Fusarium* mycotoxins? World Mycotoxin J. **2**:181-192.

Joffe, A. Z., Palti, J. 1977: Species of *Fusarium* found in uncultivated desert-type soils in Israel. Phytoparasitica **5**:119-121.

Johnston, C. L., Greaney, F. J. 1942: Studies on the pathogenicity of *Fusarium* species associated with root rot of wheat. Phytopathology **32**:670-684.

Jones, C. J., Edwards, K. J., Castaglione, S., Winfield, M. O., Sala, F., van de Wiel, C., Bredemeijer, G., Vosman, B., Matthes, M., Daly, A., Brettschneider, R., Bettini, P., Buiatti, M., Maestri, E., Malcevschi, A., Marmiroli, N., Aert, R., Volckaert, G., Rueda, J., Linacero, R., Vazquez, A., Karp, A. 1997: Reproducibility testing of RAPD, AFLP and SSR markers in plants by a network of European laboratories. Mol. Breeding **3**:381-390.

Jorgenson, E. C. 1970: Antagonistic interaction of *Heterodera schachtii* Schmidt and *Fusarium oxysporum* (Woll.) on sugarbeets. J. Nematol. **2**:393-398.

Kane, R. T., Smiley, R. W., Sorrells, M. E. 1987: Relative pathogenicity of selected *Fusarium* species and *Microdochium bolleyi* to winter wheat in New York. Plant Dis. **71**:177-181.

Kang, Z., Buchenauer, H. 2000: Ultrastructural immunocytochemical investigation of pathogen development and host responses in resistant and susceptible wheat spikes infected by *Fusarium culmorum*. Physiol. Mol. Plant Pathol. **57**:255-268.

Karadimos, D. A., Karaoglanidis, G. S. 2006: Survey of root rot diseases of sugar beet in Central Greece. Proc. Nat. Sci., Matica Srpska Novi Sad. **110**:129-131.

Karlovsky, P. 2008: Secondary metabolites in soil ecology. In: Karlovsky, P. (Hrsg.): Secondary metabolites in soil ecology. Soil Biology 14, Springer-Verlag, Berlin, 1-19.

Kenter, C., Hoffmann, C. M. 2009: Changes in the processing quality of sugar beet (*Beta vulgaris* L.) during long-term storage under controlled conditions. Int. J. Food Sci. Technol. **44**:910-917.

Khonga, E. B., Sutton, J. C. 1988: Inoculum production and survival of *Gibberella zeae* in maize and wheat residues. Can. J. Plant Pathol. **10**:232-239.

Kim, H.-S., Lee, T., Dawlatana, M., Yun, S.-H., Lee, Y.-W. 2003: Polymorphism of trichothecene biosynthesis genes in deoxynivalenol- and nivalenol-producing *Fusarium graminearum* isolates. Mycol. Res. **107**:190-197.

Kimura, M., Tokai, T., Takahashi-Ando, N., Ohsato, S., Fujimura, M., 2007: Molecular and genetic studies of *Fusarium* trichothecene biosynthesis: pathways, genes, and evolution. Biosci. Biotechnol. Biochem. **71**:2105-2123.

Kistler, H. C. 1997: Genetic diversity in the plant-pathogenic fungus *Fusarium oxysporum*. Phytopathology **87**:474-479.

Koch, H. J., Pringas, C., Maerlaender, B. 2006: Evaluation of environmental and management effects on Fusarium head blight infection and deoxynivalenol concentration in the grain of winter wheat. Eur. J. Agron. **24**:357-366.

Kowalchuk, G., Gerards, S., Woldendorp, J.-W. 1997: Detection and characterization of fungal infections of Ammophila arenaria (Marram grass) roots by denaturing gradient gel electrophoresis of specifically amplified 18S rDNA. Appl. Environ. Microbiol. **63**:3858-3865.

Kriek, N. P. J., Marasas, W. F. O., Steyn, P. S., van Rensburg, S. J., Steyn, M. 1977: Toxicity of a moniliformin-producing strain of *Fusarium moniliforme* var. *subglutinans* isolated from maize. Food Cosmet. Toxicol. **15**:579-587.

Kristensen, R., Torp, M., Kosiak, B., Holst-Jensen, A. 2005: Phylogeny and toxigenic potential is correlated in *Fusarium* species as revealed by partial translation elongation factor 1 alpha gene sequences. Mycol. Res. **109**:173-186.

Kuldau, G. A., Yates, I. A. 2000: Evidence for *Fusarium* endophytes in cultivated and wild plants. In: Bacon, C. W., White Jr., J. F. (Hrsg.): Microbial endophytes. Marcel Dekker, New York, 85-120.

Kushiro, M. 2008: Effects of milling and cooking processes on the deoxynivalenol content in wheat. Int. J. Mol. Sci. **9**:2127-2145.

Lancaster, M. C., Jenkins, F. P., Philp, J. McI. 1961: Toxicity associated with certain samples of groundnuts. Nature **192**:1095-1096.

Langseth, W., Bernhoft, A., Rundberget, T., Kosiak, B., Gareis, M. 1999: Mycotoxin production and cytotoxicity of *Fusarium* strains isolated from Norwegian cereals. Mycopathologia **144**:103-113.

Lauren, D. R., Smith, W. A. 2001: Stability of the *Fusarium* mycotoxins nivalenol, deoxynivalenol and zearalenone in ground maize under typical cooking environments. Food Addit. Contam.**18**:1011-1016.

Lee, T., Han, Y. K., Kim, K. H., Yun, S. H., Lee, Y. W. 2002: Tri13 and Tri7 determine deoxynivalenol- and nivalenol-producing chemotypes of *Gibberella* zeae. Appl. Environ. Microbiol. **68**:2148-2154.

Leslie, J. F., Summerell, B. A. 2006: The *Fusarium* laboratory manual. Blackwell, Oxford.

Lienemann, K. 2002: Auftreten von *Fusarium*-Arten an Winterweizen im Rheinland und Möglichkeiten der Befallskontrolle unter besonderer Berücksichtigung der Weizensorte. Dissertation Universität Bonn.

Link, H. F. 1809: Observationes in ordines plantarum naturales, Dissertatio I. Der Entdeckungen in der gesammten Naturkunde **3**:3-42.

Logrieco, A., Moretti, A., Castella, G., Kostecki, M., Golinski, P., Ritieni, A., Chelkowski, J. 1998: Beauvericin production by *Fusarium* species. Appl. Environ. Microbiol. **64**:3084-3088.

Ma, L. J., van der Does, H. C., Borkovich, K. A., Coleman, J. J., Daboussi, M. J., Di Pietro, A., Dufresne, M., Freitag, M., Grabherr, M., Henrissat, B., et al. 2010: Comparative genomics reveals mobile pathogenicity chromosomes in *Fusarium*. Nature **464**:367-373.

Machacek, J. E., Greaney, F. J. 1938: The "black point" or "kernel smudge" disease of cereals. Can. J. Res. **16**:84-113.

Madsen, J. M. 2001: Toxins as weapons of mass destruction. A comparison and contrast with biological-warfare and chemical-warfare agents. Clin. Lab. Med. **21**:593-605.

Majumdar, A., Boetel, M. A., Jaronski, S. T. 2008: Discovery of *Fusarium solani* as a naturally occurring pathogen of sugarbeet root maggot (Diptera: Ulidiidae) pupae: Prevalence and baseline susceptibility. J. Invertebr. Pathol **97**:1-8.

Mandeel, Q. A. 2006: Biodiversity of the genus *Fusarium* in saline soil habitats. J. Basic Microbiol. **46**:480-494.

Marasas, W. F. O., Nelson, P. E., Toussoun, T. A. 1984: Toxigenic *Fusarium* species. Identity and mycotoxicology. Pennsylvania State University Press, University Park.

Marasas, W. F. O., Miller, J. D., Riley, R. T., Visconti, A. 2001: Fumonisins - occurrence, toxicology, metabolism and risk assessment. In: Summerell, B. A., Leslie, J. F., Backhouse, D., Bryden, W. L., Burgess, L. W. (Hrsg.): *Fusarium*. Paul E. Nelson Memorial Symposium. APS Press, St. Paul, 332-359.

Martyn, R. D., Rush, C. M., Biles, C. C., Baker, E. H. 1989: Etiology of a root rot disease of sugar beet in Texas. Plant Dis. **73**:879-884.

McFarlane, J. S. 1981: *Fusarium* stalk blight resistance in sugarbeet. J. Am. Soc. Sugar-beet Technol. **21**:175-183.

McKeen, C. D., Wensley, R. N. 1961: Longevity of *Fusarium oxysporum* in soil tube culture. Science **134**:1528-1529.

McMullen, M., Jones, R., Gallenburg, D. 1997: Scab of wheat and barley: A re-emerging disease of devastating impact. Plant Dis. **81**:1340-1348.

McNeill, J., Barrie, F. R., Burdet, H. M., Demoulin, V., Hawksworth, D. L., Marhold, K., Nicolson, D. H., Prado, J., Silva, P. C., Skog, J. E., Wiersema, J. H., Turland, N. J. (Hrsg.) 2006: International Code of Botanical Nomenclature (Vienna Code) adopted by the Seventeenth International Botanical Congress Vienna, Austria, July 2005. Gantner Verlag, Ruggell.

Meier, A., Birzele, B., Oerke, E. C., Steiner, U., Krämer, J., Dehne, H. W. 2001: Significance of different inoculum sources for the *Fusarium* infection of wheat ears. Proceedings of the 23rd Mykotoxin-Workshop Wien 2001, Mycotoxin Res. **17A**:71-75.

Mesterházy, Á. 2003a: Breeding wheat for fusarium head blight resistance in Europe. In: Leonard, K. J., Bushnell, W. R. (Hrsg.): Fusarium Head Blight of Wheat and Barley. APS Press, St. Paul, 363-381.

Mesterházy, Á. 2003b: Control of Fusarium head blight of wheat by fungicides. In: Leonard, K. J., Bushnell, W. R. (Hrsg.): Fusarium Head Blight of Wheat and Barley. APS Press, St. Paul, 363-380.

Michielse, C. B., Rep, M. 2009: Pathogen profile update: *Fusarium oxysporum*. Mol. Plant Pathol. **10**:311-324.

Miedaner, T. 1997: Breeding wheat and rye for resistance to *Fusarium* diseases. Plant Breed. **116**:201-220.

Miedaner, T., Reinbrecht, C. 2001: Trichothecene content of rye and wheat genotypes inoculated with a deoxynivalenol- and a nivalenol-producing isolate of *Fusarium culmorum*. J. Phytopath. **149**:245-251.

Miedaner, T., Moldovan, M., Ittu, M. 2003: Comparison of spray and point inoculation to assess resistance to Fusarium head blight in a multienvironment wheat trial. Phytopathology **93**:1068-1072.

Miller, J. D., ApSimon, J. W., Blackwell, B. A., Greenhalgh, R., Taylor, A. 2001: Deoxynivalenol: A 25 year perspective on a trichothecene of agricultural importance. In: Summerell, B. A., Leslie, J. F.; Backhouse, D., Bryden, W. L., Burgess, L. W. (Hrsg.): *Fusarium*: Paul E. Nelson Memorial Symposium. APS Press, St. Paul, 310-320.

Miller, J. D., Culley, J., Fraser, K., Hubbard, S., Meloche, F., Ouellet, T., Seaman, L., Seifert, K. A., Turkington, K., Voldeng, H. 1998: Effect of tillage practice on Fusarium head blight of wheat. Can. J. Plant Pathol. **20**:95-103.

Mirocha, C. J., Harrison, J., Nichols, A. A., McClintock, M. 1968: Detection of a fungal estrogen (F-2) in hay associated with infertility in dairy cattle. Appl. Microbiol. **16**:797-798.

Morgavi, D. P., Riley, R. T. 2007: An historical overview of field disease outbreaks known or suspected to be caused by consumption of feeds contaminated with *Fusarium* toxins. Anim. Feed Sci. Technol. **137**:201-212.

Munkvold, G. P. 2003: Epidemiology of *Fusarium* diseases and their mycotoxins in maize ears. Eur. J. Plant Pathol. **109**:705-713.

Muthomi, J. W., Schütze, A., Dehne, H.-W., Mutitu, E. W., Oerke, E.-C. 2000: Characterization of *Fusarium culmorum* isolates by mycotoxin production and aggressiveness to winter wheat. J. Plant. Dis. Protect. **107**:113-123.

Nelson, P. E., Toussoun, T. A., Marasas, W. F. O. 1983: *Fusarium* species - an illustrated manual for identification. Pennsylvania State University Press, University Park.

Nelson, P. E., Desjardins, A. E., Plattner, R. D. 1993: Fumonisins, mycotoxins produced by *Fusarium* species: Biology, chemistry, and significance. Annu. Rev. Phytopathol. **31**:233-252.

Nelson, P. E., Dignani, M. C., Anaissie, E. J. 1994: Taxonomy, biology, and clinical aspects of *Fusarium* species. Clin. Microbiol. Rev. **7**:479-504.

Nitschke, E., Nihlgard, M., Varrelmann, M. 2009: Differentiation of eleven *Fusarium* spp. isolated from sugar beet, applying restriction fragment analysis of polymerase chain reaction–amplified translation elongation factor 1α gene fragment. Phytopathology **99**:921-929.

Nyvall, R. F. 1999: Field crop diseases. Third Edition. Iowa State University Press. Ames.

Obst, A., Gleissenthall, J. L., Beck, R. 1997: On the etiology of Fusarium head blight of wheat in south Germany – Preceding crops, weather conditions for inoculum production and head infection, proneness of the crop to infection and mycotoxin production. Cereal Res. Commun. **25**:699-703.

O'Donnell, K., Kistler, H. C., Cigelnik, E., Ploetz, R. C. 1998: Multiple evolutionary origins of the fungus causing Panama disease of banana: Concordant evidence from nuclear and mitochondrial gene genealogies. Proc. Natl. Acad. Sci. USA **95**:2044-2049.

Oerke, E.-C., Meier, A., Dehne, H.-W., Sulyok, M., Krska, R., Steiner, U. 2010: Spatial variability of fusarium head blight pathogens and associated mycotoxins in wheat crops. Plant Pathol. 59:671-682.

Olsen, M., Mirocha, C. J., Abbas, H. K., Johansson, B. 1986: Metabolism of high concentrations of dietary zearalenone by young male turkey poults. Poult. Sci. **65**:1905-1910.

Ownley, B. H., Gwinn, K. D., Vega, F. E. 2010: Endophytic fungal entomopathogens with activity against plant pathogens: Ecology and evolution. BioControl **55**:113-128.

Panella, L., Lewellen, R. T. 2005: *Fusarium* Yellows. In: Biancardi, E., Campbell, L. G., Skaracis, G. N., De Biaggi, M. (Hrsg.): Genetics and Breeding of Sugar Beet. Science Publishers, Enfield, 93-95.

Parry, D. W., Jenkinson, P., McLeod, L. 1995: *Fusarium* ear blight (scab) in small grain cereals - A review. Plant Pathol. **44**:207-238.

Paul, P. A., El-Allaf, S. M., Lipps, P. E., Madden, L. V. 2004: Rain splash dispersal of *Gibberella zeae* within wheat canopies in Ohio. Phytopathology **94**:1342-1349.

Pestka, J. J. 2007: Deoxynivalenol: Toxicity, mechanisms and animal health risks. Anim. Feed Sci. Technol. **137**:283-298.

Petersen, J., Schlinker, G. 2003: Das Phänomen Gürtelschorf des Jahres 2002 an Zuckerrüben – Auswirkungen und mögliche Ursachen. Gesunde Pflanzen **55**:228-235.

Peterson, C. L., Muller, E. R., Hall, M. C., Thompson, J. C. 1981: An analysis of root damages during piling. J. Am. Soc. Sugar-beet Technol. **21**:136-149.

Petrini, O. 1991: Fungal endophytes of tree leaves. In: Andrews, J. A, Hirano, S. S. (Hrsg.): Microbial Ecology of Leaves. Springer Verlag, New York, 179-197.

Pirgozliev, S. R., Edwards, S. G., Hare, M. C. Jenkinson, P. 2003: Strategies for the control of Fusarium head blight in cereals. Eur. J. Plant Pathol. **109**:731-742.

Rai, R. P. 1981: *Fusarium redolens* Wollenw. - A new pathogen of potato. Curr. Sci. **50**:379-380.

Rebell, G. 1981: *Fusarium* infections in human and veterinary medicine. In: Nelson, P.E., Toussoun, T. A., Cook, R. J. (Hrsg): *Fusarium*: Diseases, biology and taxonomy. The Pennsylvania State University Press, University Park, 210-219.

Rep, M. 2005: Small proteins of plant-pathogenic fungi secreted during host colonization. FEMS Microbiol. Lett. **253**:19-27.

Riccioni, L., Haegi, A., Valvassori, M. 2008: First report of vascular wilt caused by *Fusarium redolens* on lentil in Italy. Plant Dis. **92**:1132.

Rheeder, J. P., Marasas, W. F., Vismer, H. F. 2002: Production of fumonisin analogs by *Fusarium* species. Appl. Environ. Microbiol. **68:**2102-2105.

Ruppel, E. G. 1991: Pathogenicity of *Fusarium* spp. from diseased sugar beets and variation among sugar beet isolates of *F. oxysporum*. Plant Dis. **75**:486-489.

Ryu, D., Hanna, M. A.,Eskridge, K. M., Bullerman, L. B. 2003: Heat stability of zearalenone in an aqueous buffered model system. J. Agric. Food Chem. **51**:1746-1748.

Schlüter, K., Kropf, U., Karlovsky, P. 2006: Untersuchungen zur systemischen Infektion von *Fusarium culmorum* an Winterweizen in Schleswig-Holstein. Gesunde Pflanzen **58**:107-116.

Schneider, J. H. M., Musters van Oorschot, P. M. S. 2008: Some characteristics of *Fusarium* species occurring in sugar beet in the Netherlands. J. Plant Pathol. **90** (Suppl.) S3.88.

Schulz, B., Boyle, C. 2005: The endophytic continuum. Mycol. Res. **109**:661-686.

Seena, S., Wynberg, N., Bärlocher, F. 2008: Fungal diversity during leaf decomposition in a stream assessed through clone libraries. Fungal Divers. **30**:1-14.

Singh, K., Srivastava, S. N., Sen, C., Agnihotri, V. P. 1973: Seed mycoflora of sugarbeet (*Beta vulgaris* L.) and its fungicidal control. Proc. Indian Natl. Sci. Acad. B Biol. Sci. **39**:695-700.

Sitton, J. W., Cook, R. J. 1981: Comparative morphology and survival of chlamydospores of *Fusarium roseum* 'Culmorum' and 'Graminearum'. Phytopathology **71**:85-90.

Skrinjar, M., Stubblefield, R. D., Stojanovic, E., Dimic, G. 1995: Occurrence of *Fusarium* species and zearalenone in dairy cattle feeds in Vojvodina. Acta Vet. Hung. **43**:259-267.

Smith, S. N., Ebbels, D. L., Garber, R. H., Kappelmann, Jr., A. J. 1981: *Fusarium* wilt of cotton. In: Nelson, P.E., Toussoun, T. A., Cook, R. J. (Hrsg): *Fusarium*: Diseases, biology and taxonomy. The Pennsylvania State University Press, University Park, 29-38.

Snyder, W. C. 1981: Introduction. In: Nelson, P.E., Toussoun, T. A., Cook, R. J. (Hrsg): *Fusarium*: Diseases, biology and taxonomy. The Pennsylvania State University Press, University Park, 3-8.

Snyder, W. C., Hansen, H. N. 1940: The species concept in *Fusarium*. Am. J. Bot. **27**:64-67.

Snyder, W. C., Hansen, H. N. 1941: The species concept in *Fusarium* with reference to section *Martiella*. Am. J. Bot. **28**:738-742.

Snyder, W. C., Hansen, H. N. 1945: The species concept in *Fusarium* with reference to section *Discolor* and other sections. Am. J. Bot. **32**:657-666.

Stack, R. W. 2003: History of Fusarium head blight with emphasis on North America. In: Leonard, K. J., Bushnell, W. R. (Hrsg.): Fusarium Head Blight of Wheat and Barley. APS Press, St. Paul, 1-34.

Stack, R. W., McMullen, M. P. 1985: Head blighting potential of *Fusarium* species associated with spring wheat heads. Can. J. Plant Pathol. **7**:79-82.

Starkey, D. E., Ward, T. J., Aoki, T., Gale, L. R., Kistler, H. C., Geiser, D. M., Suga, H., Toth, B., Varga, J., O'Donnell, K. 2007: Global molecular surveillance reveals novel *Fusarium* head blight species and trichothecene toxin diversity. Fungal Genet. Biol. **44**:1191-1204.

Stewart, D. 1931: Sugar beet yellows caused by *F. conglutinans* var. *betae*. Phytopathology **21**:59-70.

Stojšin, V. B., Mariã, A. A., Jasniã, S. M., Bagi, F. F., Marinkoviã, B. J. 2006: Root rot of sugar beet in the Vojvodina province. Proc. Nat. Sci., Matica Srpska Novi Sad **110**:65-74.

Strongman, D. B., Strunz, G. M., Giguère, P., Yu, C.-M., Calhoun, L. 1988: Enniatins from *Fusarium avenaceum* isolated from balsam fir foliage and their toxicity to spruce budworm larvae, *Choristoneura fumiferana* (Clem.) (Lepidoptera: Tortricidae). J. Chem. Ecol. **14**:753-764.

Sugiura, Y., Watanabe, Y., Tanaka, T., Yamamoto, S., Ueno, Y. 1990: Occurrence of *Gibberella zeae* strains that produce both nivalenol and deoxynivalenol. Appl. Environ. Microbiol. **56**:3047-3051.

Summerell, B. A., Salleh, B., Leslie, J. F. 2003: A Utilitarian Approach to *Fusarium* Identification. Plant Dis. **87**:117-128.

Sun, S.-K., Snyder, W. C. 1981: The bakanae disease of the rice plant. In: Nelson, P.E., Toussoun, T. A., Cook, R. J. (Hrsg): *Fusarium*: Diseases, biology and taxonomy. The Pennsylvania State University Press, University Park, 104-113.

Tan, M. K., Niessen, L. M. 2003: Analysis of rDNA ITS sequences to determine genetic relationships among, and provide a basis for simplified diagnosis of, *Fusarium* species causing crown rot and head blight of cereals. Mycol. Res. **107**:811-821.

Teich, A. H., Hamilton, J. R. 1985: Effect of cultural practices, soil phosphorus, potassium, and pH on the incidence of Fusarium Head Blight and deoxynivalenol levels in wheat. Appl. Environ. Microbiol. **49**:1429-1431.

Tellenbach, C., Grunig, C. R., Sieber, T. N. 2010: Suitability of quantitative Real-Time PCR to estimate the biomass of fungal root endophytes. Appl. Environ. Microbiol. **76**:5764-5772.

Thomsen, I. K., Christensen, B. T. 1996: Availability to subsequent crops and leaching of nitrogen in ^{15}N-labelled sugarbeet tops and oilseed rape residues. J. Agric. Sci. **126**:191-199.

Tóth, A. 1997: Dominance condition of *Fusarium* species occurring in winter wheat kernels in Pest county. Cereal Res. Commun. **25**:625-627.

Toussoun, T. A. 1981: Prologue Chapter 1. In: Nelson, P.E., Toussoun, T. A., Cook, R. J. (Hrsg): *Fusarium*: Diseases, biology and taxonomy. The Pennsylvania State University Press, University Park, 11-12.

Turner, A. S., Lees, A. K., Rezanoor, H. N., Nicholson, P. 1998: Refinement of PCR-detection of *Fusarium avenaceum* and evidence from DNA marker studies for phenetic relatedness to *Fusarium tricinctum*. Plant Pathol. **47**:278-288.

Uhlig, S., Petersen, D., Flåøyen, A., Wilkins, A. 2005: 2-Amino-14,16-dimethyloctadecan-3-ol, a new sphingosine analogue toxin in the fungal genus *Fusarium*. Toxicon **46**:513-522.

Uhlig, S., Jestoi, M., Parikka, P. 2007: *Fusarium avenaceum* – The North European situation. Int. J. Food Microbio. **119**:17-24.

Uhlig, S., Ivanova, L., Bernhoft, A., Eriksen, G. S. 2008: 2-Amino-14,16-dimethyloctadecan-3-ol: in vitro bioactivity and bio-production by the fungus *Fusarium avenaceum*. World Mycotoxin J. **1**:49-58.

van Eeuwijk, Mesterhazy, A., Kling, C. I., Ruckenbauer, P., Saur, L., Cristmayr, H. B. F., Lemmens, M., Keizer, L. C. P., Maurin, N., Snijders, C. H. A. 1995: Assessing non-specificity of resistance in wheat to head blight caused by inoculation with European strains of *Fusarium culmorum*, *F. graminearum* and *F. nivale*, using a multiplicative model for interaction. Theor. Appl. Genet. **90**:221-228.

Vargo, R. H., Baumer, J. S., Wilcoxson, R. D. 1981: *Fusarium tricinctum* as a pathogen of spring wheat. Phytopathology **71**:910.

Vogelgsang S., Sulyok M., Hecker A., Jenny E., Krska R., Schuhmacher R., Forrer H. R. 2008: Toxigenicity and pathogenicity of *Fusarium poae* and *Fusarium avenaceum* on wheat. Eur. J. Plant Pathol. **122**:265-276.

Waalwijk, C., Kastelein, P., de Vries, I., Kerenyi, Z., Van der Lee, T., Hesselink, T., Kohl, J., Kema, G. 2003: Major changes in *Fusarium* spp. in wheat in the Netherlands. Eur. J. Plant Pathol. **10**:743-754.

Walter, S., Nicholson, P., Doohan, F. M. 2010: Action and reaction of host and pathogen during Fusarium head blight disease. New Phytol. **185**:54-66.

Weinert, J., von Tiedemann, A., Kleinhenz, B. 2007: Fusarientoxine - Risiko richtig einschätzen. DLG-Mitteilungen **9**:48-51.

Widdowson, F. V. 1974: Results from experiments measuring the residues of nitrogen fertilizer given for sugar beet, and of ploughed-in sugar beet tops, on the yield of following barley. J. Agr. Sci. **83**:415-421.

Wilcoxson, R. D., Kommedahl, T., Ozmon, E. A., Windels, C. E. 1988: Occurrence of *Fusarium* species in scabby wheat from Minnesota and their pathogenicity to wheat. Phytopathology **78**:586-589.

Windels, C. E., 1992: *Fusarium.* In: Singleton, L. L., Mihail, J. D., Rush, C. M. (Hrsg.): Methods for research on soilbom phytopathogenic fungi. APS Press, St Paul, 115-128.

Windels, C. E. 2000: Economic and social impacts of *Fusarium* head blight: Changing farms and rural communities in the northern great plains. Phytopathology **90**:17-21.

Windels, C. E., Brantner, J. R., Bradley, C. A., Khan, M. F. R. 2005: First report of *Fusarium oxysporum* causing yellows on sugar beet in the Red River Valley of Minnesota and North Dakota. Plant Dis. **89**:341.

Wollenweber, H. W., Reinking, O. A. 1935: Die Fusarien. Ihre Beschreibung, Schadwirkung und Bekämpfung. Paul Parey Verlag, Berlin.

Xu, X. 2003: Effects of environmental conditions on the development of *Fusarium* ear blight. Eur. J. Plant Pathol. **109**:683-689.

Xu, X.-M., Nicholson, P., Thomsett, M. A., Simpson, D., Cooke, B. M., Doohan, F. M., Brennan, J., Monaghan, S., Moretti, A., Mule, G., Homok, L., Beki, E., Tatnell, J., Ritieni, A., Edwards, S. G. 2008: Relationship between the fungal complex causing fusarium head blight of wheat and environmental conditions. Phytopathology **98**:69-78.

Zinedine, A., Soriano, J. M., Molto, J. C., Manes, J. 2007: Review on the toxicity, occurrence, metabolism, detoxification, regulations and intake of zearalenone: An oestrogenic mycotoxin. Food Chem. Toxicol. **45**:1-18.

Zhang, N., O'Donnell, K., Sutton, D. A., Nalim, F. A., Summerbell, R. C., Padhye, A. A., Geiser, D. M. 2006: Members of the *Fusarium solani* species complex that cause infections in both humans and plants are common in the environment. J. Clin. Microbiol. **44**:2186-2190.

Publikationen und Vorträge

Artikel in Tagungsbänden und Zeitschriften

Christ, D. S., Märländer, B., Varrelmann, M.: Occurrence, pathogenicity, and mycotoxigenic potential of *Fusarium* species in freshly-harvested and stored sugar beet. Phytopathology, eingereicht.

Christ, D. S., Gödecke, R., von Tiedemann, A., Varrelmann, M.: Pathogenicity, symptom development, and mycotoxin formation in wheat by *Fusarium* species frequently isolated from sugar beet. Phytopathology, eingereicht.

Christ, D., Varrelmann, M. 2010: Auftreten, Mykotoxinbildung und Pathogenität von *Fusarium* Spezies in Zuckerrüben und Versuche zur Kreuzpathogenität in Weizen. Mitt. Julius Kühn-Institut 428:71.

Christ, D., Varrelmann, M. 2010: *Fusarium* in Zuckerrüben. Sugar Industry/Zuckerind. **135**:Sonderheft 9 Göttinger Zuckerrübentagung, 63-72.

Christ, D., Holtschulte, B., Varrelmann, M. 2010: *Fusarium* in sugar beet (Review). Proceedings 72. IIRB-Kongress 2010, 22.-24.06.2010, Kopenhagen, DK, 51-61.

Christ, D., Nitschke, E., Varrelmann, M. 2008: Auftreten unterschiedlicher *Fusarium*-Spezies in Zuckerrüben. Mitt. Julius Kühn-Institut 417:385.

Vorträge und Poster

Christ, D., Varrelmann, M. 2010: Auftreten, Mykotoxinbildung und Pathogenität von *Fusarium* Spezies in Zuckerrüben und Versuche zur Kreuzpathogenität in Weizen. 57. Deutsche Pflanzenschutztagung, Berlin, 06.-09.09.2010.

Christ, D., Varrelmann, M. 2010: Pathogenität und Mykotoxinbildung von aus Zuckerrübe isolierten Fusarien. Göttinger Zuckerrübentagung, Göttingen, 02.09.2010.

Christ, D., Varrelmann, M. 2010: *Fusarium* in Sugar Beet - New Insights into Species Composition, Pathogenicity, and Mycotoxigenic Potential. 9th International Mycological Congress, IMC9 The Biology of Fungi, Edinburgh, UK, 01.-06.08.2010.

Christ, D., Holtschulte, B., Varrelmann, M. 2010: *Fusarium* in Sugar Beet (review). 72nd IIRB Congress, Kopenhagen, DK, 22.-24.07.2010.

Christ, D., Gödecke, R., von Tiedemann, A., Varrelmann, M. 2010: Pathogenität und Mykotoxinbildung von aus Zuckerrübe isolierten *Fusarium* Spezies in Weizen. 23. Jahrestagung der DPG-Projektgruppe Krankheiten im Getreide, Braunschweig, 01./02.02.2010.

Christ, D., Gödecke, R., von Tiedemann, A., Varrelmann, M. 2009: Pathogenität von aus Zuckerrübe isolierten *Fusarium* Spezies an Weizen. DPG AK Mykologie, Kaiserslautern, 26./27.03.2010.

Christ, D., Nitschke, E., Varrelmann, M. 2008: Auftreten unterschiedlicher *Fusarium* Spezies in Zuckerrüben. Poster, 56. Deutsche Pflanzenschutztagung, Kiel, 22.-25.09.2008.

Christ, D., Varrelmann, M. 2008: Occurrence of different *Fusarium* species in sugar beet. IIRB Joint Meeting of Study Groups "Pests & Diseases" and "Weed Control", Holeby DK, 10.-12.09.2008.

Christ, D., Nitschke, E., Varrelmann, M. 2008: Auftreten unterschiedlicher *Fusarium* Spezies in Zuckerrüben. DPG AK Mykologie, Bonn, 13.-14.03.2008.

Danksagung

Herrn Prof. Dr. Mark Varrelmann danke ich für die Überlassung des Themas. Die ausgezeichnete wissenschaftliche Betreuung und die gewährte Freiheit bei Planung und Umsetzung der Versuche haben maßgeblich zum Gelingen dieser Arbeit beigetragen. Herrn Prof. Dr. Heiko Becker danke ich für die bereitwillige Übernahme des Korreferats. Bei Herrn Prof. Dr. Märländer möchte ich mich nicht nur für intensive Diskussionen und konstruktiven Anregungen zu dieser Arbeit bedanken, sondern auch für die Möglichkeit, bei vielen Veranstaltungen und Doktorandenexkursionen „über den Tellerrand zu schauen".

Dem Forschungsverbund Agrar- und Ernährungswissenschaften Niedersachsen und dem Niedersächsischen Ministerium für Wissenschaft und Kultur danke ich für die finanzielle Unterstützung des Projekts. Der Nordzucker AG danke ich für die Möglichkeit, Praxisproben zu analysieren und somit einen breiteren Überblick über die Thematik zu erhalten. Ebenso bedanke ich mich bei der KWS Saat AG, Syngenta Seeds, der Saaten Union und SW Seed für die Bereitstellung von Saatgut.

Ohne die Hilfe der technischen Mitarbeiter des Instituts für Zuckerrübenforschung wäre die vorliegende Arbeit nicht möglich gewesen. Für die Betreuung der Feldversuche und die Unterstützung bei den umfangreichen Analysen sei besonders Annette Walter und David Karsten gedankt. Allen Doktoranden aus dem FAEN-Verbundprojekt danke ich für die gemeinsame Zeit und die Unterstützung durch Ideen- und Literaturaustausch. Hierbei möchte ich mich besonders bei Ruben Gödecke für die gemeinsam durchgeführten Arbeiten zur Kreuzpathogenität bedanken.

Der größte Dank gebührt jedoch meiner Familie für die immerwährende tatkräftige und moralische Unterstützung in dieser arbeitsintensiven Zeit.

Lebenslauf

Daniela Christ

geboren am 18.07.1980 in Velbert

Schulische Ausbildung

1987-1991	Schmachtenberg Grundschule, Essen-Kettwig
1991-2000	Theodor-Heuss-Gymnasium, Essen-Kettwig Abschluss: Abitur

Studium

2000 – 2001	Landschaftsökologie Westfälische Wilhelms-Universität Münster
2001 – 2006	Gartenbau Leibniz Universität Hannover Abschluss: Diplom-Agraringenieurin Diplomarbeit im Fach Angewandte Genetik und Pflanzenzüchtung Thema: Untersuchungen zu interspezifischen Hybridisierungsbarrieren in der Gattung *Dicentra*
2007 – 2010	Promotionsstudiengang Agrarwissenschaften Georg-August-Universität Göttingen Anfertigung der Dissertation am Institut für Zuckerrübenforschung, An-Institut der Georg-August-Universität Göttingen

Berufliche Tätigkeit

Seit 03/2007	Wissenschaftliche Mitarbeiterin am Institut für Zuckerrübenforschung, Göttingen